U0006451

主廚也想知道的
美味密技

4大工法、22堂實戰課程、40道應用食譜，烹調祕訣都在科學中！

前言.
千年功力的大廚
隨堂考

　　能當上大廚的人都有專業職人的傲骨，要幫大廚們上烹飪課，面對台下「不設限」的即席發問，必須當場接招，每一堂課我都戰戰兢兢，猶「如臨深淵，如履薄冰」般之戒慎。

　　某堂課，一位大廚問：「我在中國北京，同樣的蝦仁炒豆苗，為何豆苗有時清脆好吃，有時卻一炒即糊爛？」

　　「出問題的季節是夏天還是冬天？」我問。「冬天。」

　　「你們是不是直接把豆苗放倉庫，所以豆苗凍傷了。」我回應。

　　「這還用你講嗎！我當然知道豆苗凍傷了，我是要你解決問題！」

　　現場氣氛肅殺，台下數十雙眼睛直盯著我，看我怎麼「給個交代」。

　　「把豆苗放冰箱就對了！」

　　「……」這位大廚一臉錯愕。

　　「把豆苗放進冰箱裡。」我又重複了一遍。

　　這位大廚對我看似不著邊際的答案，顯然惱火了，拉大嗓門回說：「你沒搞清楚狀況是吧！這麼冷的天，還把豆苗放冰箱。」

　　我仍然鬼打牆似的重複：「要放冰箱。」

這時，總經理看現場氣氛不對，站起身想打圓場。

說時遲那時快，這位大廚忽然意會過來，應了一聲「喔！」，然後緩緩坐下，一場危機及時化解。

台下三十位主廚，每一位少說都有三十年功力，加起來就是千年的功夫，他們滿臉狐疑的問我，「你是這行的嗎？」、「你會燒菜嗎？」、「你在餐飲界摸過幾年？」

我回答，「我通通不符合你們的期待。」

「那你憑什麼站在這裡？」

「我憑著的是材料學的背景！你不妨先聽聽我的說法，我保證你的功力一定進步。萬一對你實在毫無幫助，我會自己走出教室。」

科學，真的很好用。我因為懂得把科學原理應用於烹調，解決廚房裡的問題，而跟許多大廚交上朋友，成為另類的「異業結盟」，把生活變豐富，讓人生充滿挑戰與樂趣。

民以食為天，用科學原理做菜，不但節能、省時、安全、衛生，而且美味加分，足以讓你用一輩子享受兩輩子的幸福。我想把這樣的幸福分享給更多同好，歡迎翻開本書的你，你已經成為我們美味科學同好圈的一份子了！

章致綱

 為何要把豆苗存放冰箱避免凍傷，你知道了嗎？
答案下頁分曉

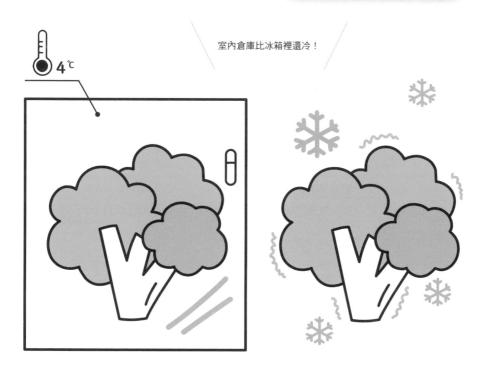

室內倉庫比冰箱裡還冷！

Answer

　　放在 4℃的冷藏庫，比冬季嚴寒的北京室溫倉庫更暖和，可以保護青菜不凍傷。

chapter

2 實戰調味篇
美味科學調味特訓班，集訓開始！

chapter

3 食材應用篇 part 1
肉類 & 海鮮的料理精髓

chapter

4 食材應用篇 part 2
蔬菜豆類 & 米麵類的美味料理科學

chapter

5

食安救急篇
廚房中的 SOS

chapter

6 私藏技巧篇
老章帶路，外食不踩雷

你的
美味科學腦，
靈光嗎？

1

在日常生活中，常遇到很多料理與實務上的問題。有些有似是而非的答案，有些長存疑問在心頭，但又沒有機會去找到答案。其實許多問題的答案都類似，而且是最簡單的科學原理，現在，來看看這些真實情境申論題，你能答對幾題？順便一解心中常駐的疑問。

Chapter
熱身篇

Q1.
鄰居家那鍋滷肉
為什麼總是特別美味？

英語有句俚語「The grass is always greener on the other side.」字面意思是「鄰家的草坪總是比較漂亮。」，衍生的意思是人性愛比較，認為「得不到的永遠最美」。不過，「隔壁家的那鍋滷肉總是特別美味」，有時並非人的劣根性作祟，而是確有其事，至少，對於從小住眷村的我來說，這事情千真萬確。

我們家有六口人，隔壁鄰居家有十口人，自從嘗過他們家滑腴香嫩的滷肉以後，我總會聞香翻牆，去嘗他們家的滷肉，讓自家老媽顏面無光。當時以為自己媽媽的廚藝不如人，把滷肉燒到柴的柴、爛的爛，後來學了科學，才知道是我錯怪了媽媽，原來是人多好做菜，大鍋料理才好吃，你知道這是什麼原因嗎？

Answer

大鍋燉肉比較好吃，是因為一般家用的爐火不夠力，大鍋肉加熱慢，要在 40℃~60℃ 之間醞釀一段時間，才能夠繼續往上沸騰，而這個溫度區間，正可以滿足肉類「快速熟成」的條件。經過充分快速熟成的肉，更加軟嫩美味。

若是缺乏科學做菜概念的人，可能會問：「誰家燉肉不是先開大火加足馬力，煮到鍋裡咕咚咕咚沸騰，才轉為小火？」但是由於我家人口比較少，每次烹煮的肉比較小鍋，卻開同樣先用大火烹煮，沸騰的速度比大鍋快，停留在「快速熟成」溫度區間的時間過短，一口氣直接把肉煮熟，使得肉質緊縮變硬，當然不可口。

其實，只要在肉塊中心溫度加熱到 50℃ 左右時，先關掉爐火，燜上半小時，讓肉塊「快速熟成」，之後再加熱把肉燉熟，利用兩階段的加熱烹煮，就能煮出令人吮指回味的滷肉。

這樣做，既節省燃料，還可以博得好廚藝的美名，是不是「兩頭賺」呢！

快速熟成（Fast Aging） ．．．．．．．．．．．．．．．．．．．．．．．．．．．．
生食材的酵素於 65℃ 左右便失去活性，若將生食材先加熱，使其維持至中心溫度 50℃ 左右，可催化生食材本身的酵素分解作用，使組織變鬆軟，這種方式通常用於肉類。

Q2.
煮糯米飯的配方
一帖竟要十萬元！
祕訣在哪裡？

　　有位學員聽了我的課後，覺得有相識恨晚的遺憾。他說自家賣糯米飯糰，生意總是拚不過附近同業，於是咬牙花了十萬元，買來一帖配方。沒想到在我的課堂上，這帖配方活生生被攤在陽光下，讓他不知是該心疼白花錢，還是慶幸走進這堂課。

　　其中奧祕是糯米吸水後易糊爛，煮糯米的水米比只有 0.8，也就是 0.8 杯水對 1 杯米，只要稍有不慎水加多了，就會煮得一塌糊塗，要把糯米飯煮好，比白米飯難度還高。

　　所以做生意的人都知道，糯米只能蒸熟，不能像煮白米飯那樣泡水煮熟。蒸糯米之前，必須先泡水四小時，等到米粒吸飽水後，濾掉多餘水分，再隔水蒸熟。這些步驟，他都做對了，但就在蒸米之前，他少做了一個簡單的動作，所以蒸出來的糯米總是缺少彈牙口感。你可知道，讓這位老闆花了十萬大洋學來的訣竅，是什麼嗎？

Answer

　　你猜出來了嗎？這位老闆就是少了**殺青**的環節。糯米進蒸鍋之前，先攤在煮飯的紗布上，準備一鍋滾燙的水淋上去，就完成米粒表面的殺

青步驟，煮出來的糯米飯就會粒粒完整且 Q 彈。

　　一旁參與討論的學員，也貢獻學來的經驗，說老人家蒸糯米時，會先開大火，當水沸騰後，計時約三分鐘，就把爐火關掉，再等待十分鐘後重新打開爐火，接著才把米蒸熟。但他說一直不懂為什麼要這樣做，今天終於明白其中的科學原理。先開大火讓水沸騰三分鐘，就和滾水燙米的道理一樣，都是先完成糯米的表面殺青，保持米粒顆顆分明；關火燜十分鐘，是在做快速熟成，催化米粒中心的酵素作用，軟化米芯組織。這樣煮出來的米飯，就會外 Q 內軟。

　　透露一個小祕密，我做的甜酒釀和別人不一樣，米粒飽滿，吃起來有嚼勁，不像市面上一般的甜酒釀，米粒破碎軟爛，我使出的就是蒸糯米時先殺青、再快速熟成的必殺技。順便提醒，浸泡糯米時，記得在水中加一小匙鹽巴，這樣就不怕米水會發餿。即使在高溫的夏季，這個小訣竅一樣有效。

殺青（Blanching）‧‧‧‧‧‧‧‧‧‧‧‧‧‧‧‧‧‧‧‧‧‧‧‧‧‧‧‧‧

使用物理性或化學性方法，快速破壞生食材本身的酵素，以保持食材的顏色與脆度。方法有汆燙、油燙、高溫快速微波、熱蒸氣、醃漬、化學品、放射線（例如鈷 -60）等。

Q3.
脆皮燒肉、北京烤鴨、糖葫蘆、炭烤燒餅，請說出它們美味的共通點？

連續榮獲米其林推薦的某大粵菜館，以一道外皮酥脆帶甜、內裡柔嫩多汁的脆皮燒肉馳名。你知道脆皮叉燒好吃的祕訣，和北京烤鴨、炭烤燒餅、糖葫蘆等料理，都有異曲同工的訣竅嗎？

Answer

和北京烤鴨的脆皮一樣，美味的脆皮燒肉是利用**焦糖反應**，在肉的表面塗上一層糖汁，經過炙烤後，燒出剔透的焦香脆糖。這層焦糖的脆度大於豬皮的脆度，突出酥脆的口感，和表皮下軟嫩多汁的肉質形成對比，令饕客回味再三。

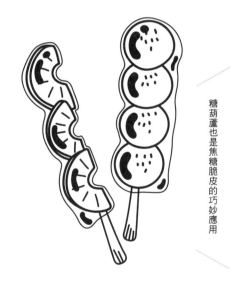

糖葫蘆也是焦糖脆皮的巧妙應用

焦糖反應（Caramelization） ·············
糖類加熱到熔點以上的高溫（165℃左右），糖發生脫水與降解，產生褐變的焦香味。

各家大廚調製的糖汁配方，雖然成分、比例不同，不過通常一定會有麥芽糖。因為麥芽糖甜度較低，口感柔和不突兀，而且調了水以後，稠度仍然足夠，烤完後的脆糖依舊保有一定厚度。

尤其是麥芽糖的焦糖化溫度為 180℃，高於蔗糖的 165℃，所以塗上加水的麥芽糖，還可以保護食材表面，不至於在炙燒時過度焦化。就連炭烤燒餅，也會借用麥芽糖水，入鍋前刷在燒餅表面，預防麵皮上的芝麻烤焦發苦，可說是妙用多多。

不過，豬皮質地硬厚，若只是塗上糖汁，還是燒不出酥脆口感，必須先用尖利的工具，在表皮戳出許多小洞，幫助熱力穿透厚皮層，才能夠完成令人銷魂的脆皮口感。

Q4.
為何同樣的臊子在魚香茄子中會有油騷味，而爆炒明蝦卻沒有？

有一回上中餐館吃飯，點了魚香茄子與爆炒明蝦。

吃完後，我傳了一張紙條給廚房。大廚連忙出來向我道歉：「真對不起，我欠您一道菜。您讓我想起二十年前，師父一再耳提面命，臊子肉一旦冰過兩天，必定要熱油鍋大火爆炒以後，才可以做魚香茄子，是我疏忽這道手續了。」各位知道「要先大火爆炒」是為什麼嗎？

Answer

隔餐的魚或肉，重新加熱後容易產生難聞的**油騷味**（**warmed-over flavor**，簡稱 WOF，本書將這種味道以 WOF 稱之）。

WOF 的產生原因大致有三，其一是肉的細胞膜在加熱時破裂，細胞裡的血紅素滲出，血紅素含有大量鐵質，鐵是強催化劑，會加速食材氧化，放置後就形成難聞的異味。其二是肉裡的脂肪本身氧化後，會產生**油耗味**；最後是熟肉放在冰箱裡，接觸空氣時間越久，氧化作用隨之增加。

當具備這三項不利的條件時，隔餐熟肉就開始產生 WOF，但對我們的味覺來說，至此還在可忍耐的範圍，之後重新料理的方式才是 WOF 是否會更嚴重的關鍵。

熟肉慢慢加熱，每增加 10℃，WOF 會放大兩倍左右，等到沸騰，那就放大百倍了，除非失去味覺，否則不可能不察覺到。但如果加熱的速度夠快，WOF 卻只會放大兩至三倍，假使料理得好，還會讓人感覺很香呢。

所謂「臊子肉」，就是爆香的碎肉末，往往會一次多做一點放冰箱裡，可以拌飯、拌麵，或者炒菜時加入增香提鮮，十分方便。但魚香茄子裡的茄子水分多，從冰箱拿出來的臊子如果和茄子一起炒，油溫無法立刻提高，加熱速度慢的結果，就是臊子的 WOF 放大了百倍，壞了整鍋菜。

但是爆炒明蝦因為加熱速度一下子飆升，雖然是同樣的碎肉末，但 WOF 並不明顯。所以，同樣的臊子肉做出來的魚香茄子很失敗，爆炒明蝦卻很鮮美的「眉角」就在這裡。

油騷味（Warmed-Over Flavor）‧‧‧‧‧‧‧‧‧‧‧‧‧‧‧‧‧‧‧‧‧
煮熟的肉類或海鮮，於室溫放置過久，或於冰箱冷藏約 1~2 天，或是冰凍 1~2 個月，再慢慢加熱就容易產生油騷味。

油耗味（Oil Oxidation）‧‧‧‧‧‧‧‧‧‧‧‧‧‧‧‧‧‧‧‧‧
與油騷味不同，油耗味來自脂肪的氧化，而油騷味除了脂肪氧化，又多了肉類血紅素裡的鐵質氧化。以花生為例，陳舊的花生會出現油耗味，而不是油騷味。

Q5.
大明蝦要怎樣料理，
口感才能鮮脆彈牙？

餐廳經理與我有過幾面之緣，因此，當看見我對著一盤大明蝦皺眉頭時，便趨前問我：「還滿意今天的菜嗎？」我老實反應道：「明蝦非常新鮮，應該是一等的材料，卻做成三等的口感。」餐廳經理面子掛不住，連忙到內場去查明究竟。

不久，他出來向我坦承，由於廚師犯了兩項錯誤，才造成今天的明蝦口感不佳。

冷凍的大明蝦本來應該前一晚先移到冷藏庫解凍，或是在室溫下泡 3% 鹽水退冰，才可以下鍋。但廚師昨晚忘了解凍，今早為了趕開店時間，也來不及等退冰，就匆匆燒了一大鍋滾水，再將所有冷凍大明蝦倒進去，硬是煮熟。而原本 100℃ 的滾水，加入半鍋 0℃ 的大明蝦，水溫立刻降到 50℃ 左右，等鍋中的水重新燒到 100℃ 時，又過了不少時間，也讓明蝦被快速熟成，於是新鮮的明蝦肉燜得糊爛

牛排肉要吃軟嫩多汁，所以用快速熟成，明蝦肉要吃鮮脆彈牙，所以用滾水殺青，訴求不同，燒法也不一樣。現在殺青不成，全都變為快速熟成，等於是用烤牛排的手法來處理明蝦。

這是廚師犯的第一個失誤。問題來了，你可以從上述的處理方法，

找出廚師犯的第二個失誤嗎？

Answer

　　講求高溫殺青效果的烹調，一定要確保水溫維持在足夠的高點。

　　這位廚師燙明蝦的時候，應該要把水煮沸，並將火開到最大，然後一隻一隻下鍋，以確保水溫維持在滾沸狀態。一旦鍋水停止沸騰，就不可再投入明蝦，必須等這鍋明蝦快快煮熟以後，才燒下一鍋重新沸騰，如此就能夠保證燒出新鮮蝦肉的彈性。更講究的話，應該立刻將起鍋的明蝦泡在冰水中，讓蝦肉快速收縮，增加彈牙的口感。

Q6.
哪一種油，
可以控制油溫
不過火？

　　廚師在廚房工作時，像是生出三頭六臂般，要同時兼顧繁重的多重任務，但一心多用難免顧此失彼，尤其是像煎牛排這樣增減一分都不行的精準作業，如果不懂得降低失手的風險，一走開再回來或些許閃神，牛排就煎過火了，或許就成了不能上桌的報廢品。

　　於是，有高明的大廚悟出了用某一種油做為控制火候的「緩衝裝置」，這種再尋常不過的食用油，或許正「躺」在你家的冰箱裡，你猜出來是「哪一位」了嗎？

Answer

　　答案是奶油。

　　廚師煎牛排，將牛排肉的上下兩面或連同邊緣共六面，在熱油鍋上先殺青和製造梅納反應後，然後會改用小火，讓牛排中心保持約50℃，進行快速熟成。

　　這時，他們往往得去忙別的工作，又怕轉身回來晚了，牛排會煎過頭，所以在鍋裡放一點奶油，利用奶油帶水，油溫不易升高的特性，就

快速熟成中

50℃

可以爭取到比較多的緩衝時間。而且奶油的香氣和牛排對味，有增添風味的加分效果。

　　與此異曲同工的是義大利燉飯，義大利燉飯要燒出足夠的香甜味，得先把洋蔥炒到焦香，但是在洋蔥要焦未焦之際很容易失準，火候不到不夠香甜，但是一過又變焦苦，這時趕緊加點奶油，就可以延緩加熱速度，避免燒焦。

　　如果你也想要如法炮製，記得奶油一定別買錯，萬一買到的是「無水奶油」，那就失去緩衝作用了。此外，加奶油的時機要正確，一般奶油含水量大約 15％，帶水的油會讓鍋裡的溫度停留在 100℃上不去，要等到水分燒乾，油溫才會往上升高。所以若是一開始就放奶油，油溫升不上來，油鍋不夠熱，要做殺青或梅納反應就慢了。掌握食材特性，才可以達到省料、省工、省時又美味的最佳效率，大廚從實務中悟出的竅門，真令人忍不住拍案叫絕。

Q7.
夜市的骰子牛肉
為什麼
剛開市的時候最好吃？

不知道你是否注意過，夜市裡賣的骰子牛肉，如果在傍晚剛開市時去吃，外 Q 內嫩，令人一口接一口的欲罷不能。但是晚一點去買，同樣的肉和噴槍火力，卻入口乾柴，美味盡失。相同的怪事屢試不爽，到底為什麼？難道是肉不新鮮了嗎？

回答問題之前，讓我先給個提示。

某日小小奢侈一下，和老婆大人上餐廳吃骰子牛肉。基於衛生安全起見，我們要求師傅把肉煎到全熟。第一輪加熱，他先用大火把方塊肉的六個面都煎過，完成表面殺青，緊接著，我眼看服務生就要繼續把肉煎熟，連忙出聲阻止：「等一下，麻煩先把肉擺在溫熱的煎檯邊，放個幾分鐘以後再煎熟。」服務生露出心照不宣的神祕微笑，數分鐘後，他又回到桌邊，繼續幫我們把肉煎熟。挑剔的老婆大人嘗了一口，驚為神品，大讚服務生手藝好，肉煎得如此軟嫩多汁。服務生笑笑說：「我也是這樣做給自己家人吃。」

提示就到這裡，現在你知道，夜市的骰子肉怎麼買才好吃了吧？

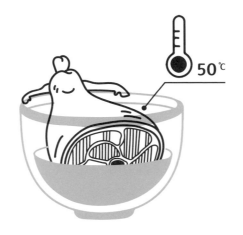

注意

生食材的酵素只要加熱超過 65℃，蛋白質受熱變性就會失去
活性，所以「快速熟成」以食材中心溫度 50℃左右最理想，
大約就是冬天淋浴稍燙的水溫。

Answer

　　夜市不比餐廳，很難要求耗時費工的客製化服務，老闆都已經事先
計算好加熱溫度和時間，採取標準的制式化作業。第一輪先用 **400℃**火
焰噴槍炙燒肉塊表面，放置數分鐘後，第二輪再一下即可熟透。

　　傍晚剛開市的時候，肉還是冰凍的，第一輪炙燒的熱力穿不透肉塊
中心，正好給了肉塊進行快速熟成的條件，所以傍晚吃到的骰子肉外 **Q**
內嫩。待入夜後，原本冰冷的生肉塊溫度升高，這時再用相同的條件煎
烤，就會熟過頭，一旦肉塊的中心溫度超過 **65℃**，酵素失去活性，就
無法進行快速熟成，等於是硬將肉塊烤熟，口感當然乾柴粗硬。如果你
非得在入夜後買骰子牛肉，記得請老闆把第一輪噴槍炙燒的時間縮短，
一樣可以達到快速熟成的效果。

以快速熟成方式烹煮食材，會經過兩階段加熱，第一階段加熱至半生不熟（肉中心溫度約為 50~60℃左右），促進食材本身的酵素活潑，讓質地變得柔軟，稍待片刻以後，第二階段再加熱至應當的熟度。

快速熟成最常應用於肉類的烹調，還有燉煮大塊的根莖類，像是白蘿蔔、芋頭等。它在廚房的應用非常廣泛，就以主婦「起手無回」的煎牛排、炸豬排、炒豬肝三道菜為例，只要一過熟變硬，便無法補救，出手不容有任何差池，所以更要懂得「快速熟成」，才能自信滿滿的上菜。

以「炒豬肝」這道菜來說，豬肝切厚片，直接用大火炒熟，只會吃到乾硬發柴的組織。正確的作法是先在高溫油鍋中快炒兩三下殺青，見表面變色立即撈起，把這半生不熟的豬肝擱置五分鐘左右，讓豬肝裡的酵素受熱催化，加快軟化組織質地，然後再下鍋，進行第二階段加熱至熟透，即可炒出一盤好吃的嫩豬肝。

Q8.
為什麼麻油雞嘗起來會苦，是鹽還是米酒造成的？

有次寒冬聚會中，麻油雞上桌正好暖暖身，但一嘗之下，大家都覺得有點苦，有人說「麻油雞不能加鹽巴，加了就容易苦。」、又有人說「是不應該加米酒，加米酒會苦！」你覺得麻油雞嘗起來會苦，究竟是什麼造成的？

這個萬年考古題的答案，繼續看下去就水落石出了。

Answer

讓麻油雞帶苦味的禍首，其實是麻油，鹽和米酒都只是代罪羔羊！

黑芝麻油香醇濃厚的氣味，來自炒芝麻所產生的**梅納反應**。梅納反應是令人無法抗拒的美味誘惑，烤香腸、香酥雞排、北京烤鴨、炙燒牛排、剛出爐的麵包……檯面上數得出來的美食，十之八九都經過梅納反應的「鍍金」。

梅納反應是蛋白質與碳水化合物經過煎、炒、烤、炸等高溫（120℃左右），所產生的特殊香醇風味。水加熱到100℃就會沸騰，無論沸水在鍋裡怎麼翻騰，就只是100℃，因此燉、滷、煮等以水為主的方式，

基本上無法產生梅納反應的特殊風味，但人類善用巧思，還是能將梅納反應安插在各種燉、滷、煮的工序裡，變化出豐富的層次和風味，而且信手拈來，全是例子。

如大骨高湯中的大骨，可先用噴槍炙燒或烤箱烤過，製造梅納反應；佛跳牆裡的食材在燉煮前，不都先分別炸過、烤過，也是製造梅納反應；而燉紅燒肉之前，肉先在熱鍋中乾焗過或油煎，都是為製造梅納反應……。

通常肉類經過梅納反應，色香味都會升級；蔬菜和蔥薑蒜經過 120℃度以上的梅納反應，同樣會散發明顯的香氣。如烹調法式洋蔥湯，會將洋蔥以油小火慢煎，透過加熱，濃縮洋蔥的甜味，而在洋蔥出水軟化後，還必須持續炒 30 分鐘左右，直到脫水的金黃色洋蔥產生褐變，溫度上升至 120℃的高溫，使洋蔥香氣逐漸由淡轉濃。

經由如此精心爆香的洋蔥，香氣和甘甜味已經進入新的層次，似乎變身為完全不同的食材。如果只是炒到洋蔥出水軟化就起鍋，未持續加熱到產生梅納反應，出水的洋蔥軟爛，顏色蒼白，香氣也不明顯，這道湯的滋味就遜掉了。

梅納反應（Maillard Reactions） · · · · · · · · · · · · · · · · · · ·
蛋白質與碳水化合物經過煎、炒、烤、炸等高溫（120℃左右），所產生的特殊香醇風味。1910 年由法國科學家梅納（Louis-Camille Maillard）首先在文獻中發表，所以就命名為「梅納反應」。

焦化反應（Overburn Reactions） · · · · · · · · · · · · · · · · · · ·
焦化一般指有機物質碳化變焦的過程，煙燻燒烤食品表面常因過度加熱，產生黑色焦化物，多吃有害健康。

此外，中秋節少不了應景的蛋黃月餅，選購之前，先探一探老闆的口風，「你們家蛋黃是怎麼處理的呢？」好吃的蛋黃月餅，那渾圓飽滿的鹹蛋黃是有玄機的。得先噴灑一點酒去腥，再用噴槍燒烤表面，製造梅納反應，這樣的「梅納蛋黃」才會入口香濃，餘韻無窮。

梅納蛋黃

醇

炒黑芝麻，原本是為了製造梅納反應，把黑芝麻炒到將過火而未過火之際，可以得到最濃厚的香氣。但火候一過，就會碳化焦苦，將碳化焦苦的黑芝麻油拿來煸薑母，當然越煸越苦。而鹽原本就是「味覺放大器」，它會提高唾液的導電度，讓鮮味更鮮、甜味更甜，所以發苦的麻油加了鹽以後，苦味在味蕾中放大，麻油雞湯就變成一鍋苦湯了。

其實只要選擇冷壓或低溫烘焙的黑芝麻油，哪怕是一滴水都不加的純麻油雞酒，再加入鹽，也不必擔心有苦味，能吃到鮮甜甘美的雞酒香。

 梅納反應是魔法，學會後廚藝立刻升級，無論是把荷包蛋煎到邊緣焦香酥脆、或者中秋節一家烤肉萬家香。但是梅納反應的焦香和**焦化反應**的過火焦苦只有一線之隔，過度追求焦香，如把黑芝麻焙焦再榨油；或把咖啡豆焙焦說是重烘焙才夠香，則要當心碳化產生的變性蛋白毒素也跟著吃進肚子裡。

輕鬆理解，一次就學會
美味科學工法

　　做好菜靠經驗不一定有用，掌握科學訣竅才是關鍵，這樣才能知其然，也知其所以然，並且舉一反三，好用的科學做菜法，每個人都該學習。

　　常聽人說燒菜講究「火候」，但問起究竟什麼是「火候」，又講不出個所以然。其實這「諱莫如深」，或曰「妙不可言」的「火候」，用科學方式拆解開來，不外乎以下的四大工法，我姑且稱之為「美味科學四大工法」。

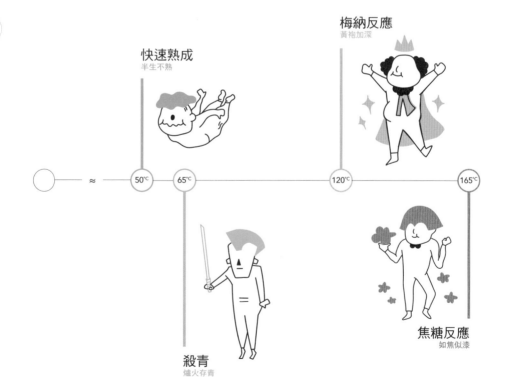

梅納反應
黃袍加深

快速熟成
半生不熟

≈　50℃　65℃　120℃　165℃

殺青
爐火存青

焦糖反應
如焦似漆

快速熟成
半生不熟

○—≈—⑤⓪—⑥⑤——①②⓪——①⑥⑤

目的：軟化食材

作用溫度：50℃左右

作用原理：催化生食材本身的酵素分解
作用，使組織變鬆軟。

殺青
爐火存青

○—≈—⑤⓪—⑥⑤——①②⓪——①⑥⑤

目的：保脆、保色

作用溫度：65℃以上

作用原理：快速破壞生食材本身的酵素，
使酵素失去活性。

梅納反應
黃袍加深

○—≈—⑤⓪—⑥⑤——①②⓪——①⑥⑤

目的：產生香醇風味

作用溫度：120℃以上

作用原理：蛋白質與碳水化合物加熱至
120℃左右，顏色轉變成褐色，產生特殊
香醇風味。

焦糖反應
如焦似漆

○—≈—⑤⓪—⑥⑤——①②⓪——①⑥⑤

目的：產生焦糖香味

作用溫度：165℃左右

作用原理：糖在 165℃左右的高溫下，
顏色轉變成褐色，產生焦糖香味。

一分鐘化身焦糖小天使，讓同事們愛死你

快速製作香醇的焦糖水

淋上焦糖以後，平凡的口味立刻身價翻漲，讓人甘願掏出更多錢來購買，你也是為了「這一味」而常傷荷包的焦糖族嗎？

只要有微波爐和砂糖，恭喜你，即使在公司裡的茶水間，只要一分鐘，就可以享用香氣四溢的焦糖飲料，喝了再上，保證工作力 UP UP！這樣做唯一的風險是，焦糖一出爐，滿屋子生香，想獨享也藏不住。所以多做一點，跟同事們一起分享，化身焦糖小天使，成為辦公室人氣王！

焦糖水的作法

○ **食材**：砂糖約 30 公克、水少許

1 將砂糖倒入馬克杯中，加少許水滴濕潤砂糖表面。

2 馬克杯置放盤子上，一同移入微波爐中以 750W 的火力，加熱 30 秒。

3 將杯子在爐中移位，再加熱 15 秒一至二次，見杯裡的砂糖沸騰，泡沫不散，且發出焦糖香，即大功告成。

tips：使用微波爐加熱，應短時間多次進行，並頻繁更動食物在轉盤上的位置，以避免局部過度加熱成焦炭。

⊙小心沸騰的焦糖溫度高，不可直接將冰飲料倒入焦糖馬克杯中，溫差懸殊可能造成馬克杯爆裂。

⊙可以將少許熱水加入馬克杯裡的焦糖，攪勻溶解後再加入冰咖啡。

你知道吃火鍋也能做科學實驗嗎？

火鍋食材的美味處理法

請發揮無邊的創造力，想像吃一頓火鍋可以玩出多少美味又好玩的科學實驗？每種食材要如何處理呢？以下就是我的科學方法。

綠色蔬菜

滾水下鍋，趁高溫進行殺青，保留鮮綠色和清脆口感。

高麗菜

想吃軟的高麗菜，一開始就和冷水一起下鍋熬煮；如果想吃到蔬菜的酵素，只能汆燙片刻，燙掉細菌、蟲卵，仍保留菜梗裡的酵素活性。

芋頭

炸過的芋頭表面有梅納反應的焦香，裡面有快速熟成的軟綿，而且經過高溫殺青的固形作用，比較不易煮散。可以加一點工本費，商請老闆幫你油炸芋頭。店家如果不提供額外服務，也可以自力救濟，利用冷熱交替，反覆進行殺青、快速熟成，讓芋頭吃起來更可口。

芋頭殺青的作法

1. 芋頭放入滾水鍋中，燙約 30 秒，撈起放置約 3 分鐘左右，利用餘熱進行快速熟成。

2. 再將芋頭放入滾水鍋中燙 20 ～ 30 秒，撈起，放置 3 分鐘左右。

3. 視芋頭塊的體積大小，反覆操作步驟 2，最後再把芋頭下鍋煮到熟透即可。

肉片

想吃到肉片彈牙的口感，就一次煮到熟；想吃軟嫩的口感，則先燙數秒殺青，立刻撈起放置三～五分鐘，進行快速熟成，接著再下鍋煮熟透。不過火鍋肉片通常都很薄，不易做快速熟成。可以點厚片肉，或是請老闆幫你把肉片切厚一點。

立刻撈起放置 3~5min

先燙數秒

軟嫩的口感

魚肉

和肉片一樣，想吃彈牙的口感，一次將魚肉煮熟；想吃軟嫩口感，先燙數秒鐘殺青，立刻撈起放置三～五分鐘，進行快速熟成，再下鍋煮熟透。

蛤蜊、花枝

蛤蜊、花枝的鮮味成分（Umami）高達 3%，利用**等滲透壓原理**，以 3% 鹽水來煮海鮮，能保留鮮味成分減少流失，最好是等火鍋湯變鹹以後再下鍋。當火鍋湯煮到蒸發變少時，先別急著請服務生加水，就用這鍋鹹湯煮蛤蜊、花枝，鮮味加倍。

有存在感的蛋花

　　把蛋汁打進滾滾熱湯裡，蛋汁總是頃刻間化為夢幻泡影，成了撈得到但是吃不到口感的碎蛋花。想要吃「有存在感」的成片蛋花，請記得先關爐火，在沸騰甫平息的滾燙熱水裡，用湯匙繞著鍋裡輕輕攪出渦流狀，然後將蛋汁慢慢倒入湯匙，再沿著鍋淌入渦流中，就會看到魚翅般展開的片狀蛋花了。預先在蛋汁裡加一點鹽巴，提高蛋白質的保水性，煮出來的蛋片會更軟嫩可口！

水波蛋

水：1L
鹽：16g
醋：8g

　　沒有蛋殼的溏心蛋就是水波蛋。先在火鍋湯裡放鹽巴、醋（比例約為 1 公升水加 16 公克鹽、8 公克醋。把蛋先打在碗裡，再輕輕倒入熱湯中，蛋熟了以後會自然浮起，就是水波蛋了。

等滲透壓原理 ．．．．．．．．．．．．．．．．．．．．．．．．
「滲透壓」是指半透膜兩側水的分壓不同，產生滲透壓力，水的濃度差越大，產生的滲透壓越高。半透膜兩側水的分壓相同，即為等滲透壓。

改寫你對炒花生米的認知，吃了也不會上火！

五分鐘完成改良版鹽酥花生米

　　你有多久沒吃過香酥還會回甘的炒花生米？或者，你從來就不知道香酥花生米其實可以回甘？傳統的炒花生米，最少炒上三、四十分鐘，猛火炒到香酥時，外面已經焦化，吃下過焦的食物容易上火，整顆磨碎放入米漿中雖然很香，但卻常是引發身體過敏反應的導火線。在此提供最新改良版微波鹽酥花生米的作法，不會過度焦化，對健康更好，只要五分鐘，就改寫你對炒花生米的認知，愛上花生的真滋味。

○ **食材**：新鮮花生米（請確認店家有冷藏保存）、每次加熱 50 顆左右需水約 20cc、鹽約 3 公克。

① 將花生米平鋪於碗內，加水。水的高度應略低於花生米（約花生米七分的高度），灑上鹽。

tips：每次少量製作，可以確保花生米受熱均勻。

② 用盤子蓋在碗上，放入微波爐內，以 750W 加熱 3.5 分鐘。

tips：以微波迅速加熱，達到表面殺青作用，花生米比較酥脆。微波爐火力大小會影響加熱時間，這裡用的是 750W。

③ 花生米表皮爆開，出現些許微黃，即取出冷卻。若花生米表面尚未顯現微黃，需再次加熱。方法是攪動花生後，將花生碗（不加蓋）重新移入微波爐內，加熱 30 秒約 1~2 次。

tips：見花生米表面微黃即可。如花生米表面變黃褐色，則表示過熱，出爐後應立刻更換冷盤子、吹電扇快速降溫，否則餘溫會使花生米繼續受熱而變焦。

④ 高溫微波的鹽酥花生，出爐後待 5 分鐘左右，冷卻變乾燥酥脆，即可享用鹹香回甘的鹽酥花生。

▌▌ 飛機上為何大多不再提供花生點心？ ▌▌

花生（peanut）經常引發過敏，甚至會置人於死，有些航空公司為了避免危險，索性不再提供花生點心。

花生為何這麼「毒」呢？原來，花生並非我們認知中的「堅果」，它其實是豆科植物，屬於「莢果」，也難怪花生是較強的過敏原。堅果和莢果的差別在於：

堅果（nut）
大多有堅硬的外殼保護，比較不需要藉生物鹼（alkaloid）的天然毒素來保護自己。

莢果（legume）
沒有堅硬的外殼保護，需要藉生物鹼的天然毒素來保護自己。

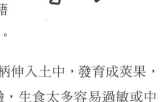

抗議抗議，別再說我是堅果了！就是你們傻傻分不清，才容易出問題！

花生又稱「落花生」，開花後，子房柄伸入土中，發育成莢果，所以也稱為「土豆」。豆類含生物鹼，生食太多容易過敏或中毒，成熟的豆粒中含有兩種有毒生物鹼：

血球凝集素
會造成紅血球凝集的有毒蛋白質，食用烹炒未透的豆類時，常會引起噁心、嘔吐等症狀，甚至威脅生命。

抗胰蛋白酶
會抑制人體蛋白酶的活性，容易引起胰腺腫大。

所以煮食黃豆、綠豆、紅豆、黑豆、花生、花豆、白鳳豆等豆類，都需要事先浸泡，多次換水，充分煮透，來減少生物鹼的毒性。

美味科學
調味特訓班，
集訓開始！

Chapter
實戰調味篇

烹飪四大要素，選料、火候、刀工與調味，若要深入探究，全都自成一個博大精深的世界。高明大廚的懷裡，十之八九藏有一本祕笈，一般人只要懂得借用其中的一招半式，就可以笑傲自家廚房，把全家人的胃「按捺」得服服貼貼。「美味科學調味特訓班」就是要用最高效率，帶大家直闖糖鹽醋醬等調味的祕密殿堂，我們開始囉！

Lesson 1.

調味順序
與美味的關係

　　調味講究先來後到的順序，順序加錯就少了風味；調味料在食材下鍋之前加，還是煮熟之後加，也會影響到軟硬度和適口性；有的調味必須在油鍋爆香的條件下操作，而且爆香有順序，順序加錯也會減損風味……

調味，順序下錯少一味

　　日本媳婦都通曉的調味順序，口訣是さ－し－す－せ－そ，每個假名都代表一種調味料。

　　砂糖的分子最大，食物要醃漬入味，要首先加糖。鹽的離子很小，滲透力強，若先放鹽，糖分子就進不去了。所以糖要最先加，之後才開始放鹽和其他調味料。切記，糖和鹽的順序不可顛倒。

　さ=砂糖　　し=鹽巴　　す=酸醋　　せ=醬油　　そ=味噌

爆香，順序下錯少一味

　　焦糖反應必須達到 165℃ 左右才能產生，梅納反應則在 120℃ 前後作用，所以在同一鍋操作兩種反應時，應該先在無水的條件下把糖爆香（焦糖反應），才下其他蔥薑蒜或醬油、酒、醋等佐料爆香（梅納反應）。若是先下其他佐料，水氣多了，鍋子溫度上不來，焦糖反應無

法發生，這道菜就會少了一味。

倘若怕先炒糖，焦糖會黏鍋而發黑發苦，可以另起一油鍋爆香，完成梅納反應以後，再匯成一鍋。或是，平常做一點焦糖片備用，需要時加進鍋裡就行了。（焦糖片做法，請見 P.57〈味自慢小教室 2〉）

無論梅納工法或焦糖工法，都要在乾鍋或油鍋進行，水鍋不行。鍋中水氣多了，溫度無法升高，兩種反應都沒法作用。

調味時機改變，軟硬度各有不同

糖和鹽會改變食材的滲透壓，所以先加或後下，會影響食材軟硬度。

糖和鹽都會讓食材的組織收縮變硬，想要把食材煮軟爛，糖或鹽就要在食材煮軟以後才下；想把食材煮硬一點，則得先下糖或鹽。同理，不想讓食材泡得太軟，就要浸在糖水或鹽水中；想要食材軟一點，可以泡在清水裡。此外，利用改變滲透壓的特性，還可以防止食材沾鍋、為食材定型。

■■ 調味料的實際應用 ■■

⊙ 煮豆子時，先加糖或鹽改變滲透壓，豆子的組織會收縮，不容易煮爛，應該等豆子煮透以後再下糖或鹽。但是用壓力鍋煮豆時，為防止豆子煮過爛，失去豆粒的口感，應該在一開始就先下糖或鹽。

⊙ 加大塊冰糖滷出來的肉比較嫩，是因為冰糖溶解慢，湯汁裡的滲透壓上升較緩，肉在燉煮過程中收縮速度減慢，就不會一下子縮得乾硬。

⊙ 煮好的珍珠粉圓泡在清水裡容易糊爛，泡在糖（或糖水）裡可以延長 Q 度維持的時間。

⊙ 煮好的麵條泡在重鹹的湯頭裡，比較不容易糊化，泡在清湯裡，麵條糊得快。

⊙ 炒絞肉怕黏鍋，可以在鍋裡先放一點鹽，鹽不溶於油，可做為不沾鍋的介質，而且絞肉遇到鹽巴，蛋白質收縮變硬，比較不會黏鍋，即使黏鍋也容易鏟起。同理，煎荷包蛋時，先在溫油鍋裡放少許鹽，即可減少蛋液黏鍋，煎出外型漂亮完整的荷包蛋，而且加了鹽的蛋吃起來更酥脆。

⊙ 基於滲透壓原理，熬大骨高湯不要先加鹽，否則食材的鮮甜味出不來。但是燉排骨肉又不同了！想吃排骨肉的鮮甜軟嫩，要事先用薄鹽醃排骨肉，提高肉的保汁性，保留更多鮮甜味，燉煮後的排骨肉吃起來比較柔嫩多汁。

⊙ 要吃糊爛的糜，鹹味要最後下，否則米粒不易煮化；但如果吃鹹飯湯、日式茶泡飯，米飯就要放進鹹湯裡，才能吃到米粒分明的口感。

同樣是煮湯圓，鹹湯圓和甜湯圓的要求正好相反。客家鹹湯圓要吃軟爛，所以湯圓不能直接在鹹湯裡煮，得先在清水中煮軟了，再放進鹹湯裡。甜湯圓要吃 Q 彈口感，可直接在糖水裡煮，藉著糖水的滲透壓，讓湯圓質地扎實彈牙。

甜湯圓要吃 Q 彈口感

直接在糖水裡煮，藉糖水的滲透壓，
讓湯圓扎實彈牙。

鹹湯圓要吃軟爛口感

湯圓先在清水中煮軟了，再放進鹹湯裡。

先抹還是後抹的智慧

鹽水雞的鹽是要怎樣處理？

Question.

　　烹煮鹹水雞，鹽的調味法有三種選項，你知道煮出來的風味會有怎樣的不同嗎？以下三種作法，哪一種才美味呢？

　　　1. 先抹鹽再煮。

　　　2. 直接放在鹽水裡煮。

　　　3. 煮熟再抹鹽。

Answer.　答案是 1。

先抹鹽巴再煮　O

1. 先抹鹽擺一下再煮，保汁性高，肉質軟嫩多汁；

直接放在鹽水裡煮　X

2. 直接放在鹽水裡煮，滲透壓使更多雞肉湯汁溶進鹹水裡，雞肉較柴；

煮熟再抹鹽巴　X

3. 煮熟再抹鹽，只有鹹味最突出，少了肉汁的鮮甜。

主廚也想知道的美味密技

46

Lesson 2.
常用糖的種類
與特色評比

　　你見過初嘗糖滋味的小寶寶，那既驚又喜、甜滋滋到快融化的表情嗎？用相機把這一刻捕捉下來，無論何時拿出來看，保證你也同感到甜蜜無比。糖的滋味實在難以抗拒，所以成癮性極強，用得好，它可以及時解救低血糖，用得過度，就成為健康殺手。

糖，從原始到精煉！

　　使用成分單純的砂糖，以最精簡的用量，透過科學運用，達到味覺最大的滿足，這就是掌廚人的功力。首先讓我們先來認識蔗糖按照加工精煉度的排行，依序如下。

黑糖
甘蔗汁炒至水分蒸乾，保留糖蜜、礦物質、維生素等養分，也夾帶植物的纖維雜質。

二砂
黃砂糖，去除纖維雜質和部分糖蜜，所以留有些許糖蜜的淺棕色。

特砂

白砂糖，也稱一砂，完全去除糖色，乾淨透明，後味會有些微反酸。

冰糖

結晶的白砂糖，甜味成分最純粹。

哪種糖最好？哪種最好不要吃？

世界衛生組織（WHO）建議的精製糖攝取量，60 公斤成年人為 25 公克 / 人 / 天，台灣人的攝取量卻高達 100 公克 / 人 / 天。一杯全糖手搖飲大約相當於 20 顆方糖，約等於 100 公克。科學統計，成長中的孩子只要喝下 350 毫升含糖飲料，生長荷爾蒙就會停止分泌兩小時，所以多吃糖的孩子較不易長高。即使是成人，也要天天分泌生長荷爾蒙，如果吃太多糖而受到抑制，容易出現各種早衰症狀。

此外，糖的選擇也很重要，人工果糖與代糖都不利於健康。

常用糖類評比

○	二砂	有精緻白糖所沒有的香醇味，是家常料理最好用的糖。
▲	麥芽糖	甜度與火候難掌控，功力不夠的人比較難駕馭。
✕	人工果糖 高果糖玉米糖漿	只適用於冷食，如果用於熱食，甜度會大減，必須加倍用量才能夠達到甜度，讓人無端吃下雙倍的糖。而且果糖最容易為人體吸收成為肝醣，吃過多很容易形成脂肪肝。加上高果糖玉米糖漿的原料來自基因改造玉米，危害健康的爭議始終揮之不去。
✕	合成代糖	幾乎都有安全疑慮，最近科學研究更發現，代糖會影響腸道菌落的功能和組成，降低人體對葡萄糖的耐受性，反而可能增加罹患糖尿病風險。

糖要適度使用才能加分

糖在過去是非常珍貴的奢侈品,歷史上從沒有一個年代,可以像我們現在這樣肆無忌憚地大口吃糖。把糖用在刀口上,做出提味、增色、增香、改變口感等效果,來為廚藝加分,但是一杯甜度動輒二十顆方糖的手搖飲料,沒有節制地天天牛飲,那就是暴殄天物了。

減糖應該成為台灣的全民運動,無論大人小孩,凡是嗜糖成癮、每天無甜不歡的人,我建議戒糖先從喝無糖飲料開始,舔一口糖,再配幾口無糖飲料,甜味嘗到了,飲料也喝了,滿足味蕾,又能大量降低糖分攝取。別懷疑,健康的第一步,你已經成功一半了。

⊙滷肉適合用冰糖,因為冰糖顆粒大,溶解速度慢,在滷汁中慢慢釋放,肉不會快速收縮變硬。而且冰糖的結晶在滷汁上色後,會呈現晶亮的視覺效果,看起來更可口。

⊙阿嬤的古早味,少不了焦糖這一味,作法請見 P.57〈味自慢小教室 1〉與爆香醬油 P.59〈味自慢小教室 2〉。

黑糖••

近年來十分受到推崇,認為是精煉度低、保留最多蔗糖天然營養成分的糖,但其實目前坊間的黑糖,絕大多數都是用二砂混合糖蜜回溶再製的調和黑糖(也稱再製黑糖),並非從甘蔗汁直接加熱炒出來的傳統古法黑糖。

Lesson 3.
鹽的作用原理
與烹調妙用

　　鹽是「百味之王」，有著「味覺放大器」的功能，可以增加味蕾的靈敏度，強化各種食材的風味，所以沾了鹽的西瓜嘗起來更甜，抹了鹽的魚吃起來更鮮。鹽還有調節生理機能的作用，人體流失鹽分過多，輕則虛弱無力、噁心，重度者會嘔吐、抽搐、昏迷甚至死亡。鹽還是最常用來去腥防腐的廚房萬用寶。

　　鹽是生命的必需品，因此要取得方便，所以食鹽的來源和使用習慣往往取決於地理條件。靠山吃山，靠海吃海，住海邊的人吃海鹽，大陸內陸地區的人則多吃岩鹽（礦鹽），其他還有湖鹽、井鹽等。只要來源乾淨，重金屬砷、銅、鉛、汞、鎘等檢驗皆符合食鹽的國家衛生標準，放射性物質含量並未過高，都算是好鹽。一般來說，天然鹽的礦物質含量較豐富，嘗起來不死鹹，能賦予烹調多層次的口感與風味。

用鹽水泡米可以防酸敗

　　糯米蒸煮之前要先泡水，但在夏天很容易泡到酸敗，如果在水中加一點鹽巴（濃度 1% 左右），可減緩室溫下酸敗的速度。

河蜆鮮度..
河蜆是淡水水產，但鮮味成分約為 3%，是極少數的例外。

肉類、海鮮烹煮前先抹鹽，提升保汁性

　　鹽可以強化蛋白質的保水性，和多吃鹽會令人體組織水腫，道理一樣，所以在肉類或海鮮表面抹鹽，鹽滲入肉中，會先小幅收縮蛋白質，加熱時，就可減少蛋白質大幅收縮，保留更多組織裡的水分，提升肉的保汁性，使肉質比較多汁不乾柴。訣竅是將生肉表面擦乾，抹上薄薄的鹽巴，置放約 30 分鐘，待鹽滲入。做鹹水雞（鴨）應先在生肉上抹鹽，就是典型的應用。

　　食材表面水分若是不擦乾，鹽巴溶於水中，快速滲入肉的組織裡，會變得死鹹，失去食材的鮮甜味。粗鹽溶解慢，滲透速度也比較緩和，效果相對理想。

生肉、海鮮浸泡鹽水，
可以保鮮、去腥、解凍、強化美味

　　陸地的禽、畜肉類和淡水的水產，鮮味成分約為 1%，海裡的水產品，鮮味成分為 3~5% 左右。基於等滲透壓原理，前者浸泡 1% 薄鹽水、後者浸泡 3% 左右的薄鹽水大約 30 分鐘（時間視生食材大小調整），可以泡掉組織裡的血水，達到去腥的作用，又能減少食材本身的鮮味成分流失，無論是用來保鮮、解凍都好用。而且浸泡過薄鹽水的生食材保汁性佳，烹調後肉質比較鮮嫩。

泡鹽水解凍這招特別威

陸地的禽、畜肉類和淡水的水產

浸泡 1% 薄鹽水。

海水中的水產品

鮮味成分 3~5%，浸泡 3% 的薄鹽水。

Lesson 4.
醬油的成分與
使用技巧

　　「醬」的原意是指濃稠液體，也有醃漬發酵的意思，醬油是用時間醞釀的美味，也是梅納例外中的經典。西方有各式醬料，卡士達醬、蛋黃醬、奶油醬……但是我個人還是鍾情醬油，東方的醬油經過豆類發酵所特有的甘醇鮮香，一瓶可抵西方千百種醬。坊間常見的醬油有兩種，一種是釀造（發酵）醬油，一種是化學醬油。

釀造醬油與化學醬油的差別

　　發酵醬油從培養菌種做起，四到六個月發酵完成，香醇可口。化學醬油使用已經萃取過油脂的黃豆渣，加入強酸（鹽酸，HCl）分解成胺基酸，再添加強鹼（氫氧化鈉，NaOH）進行酸鹼中和，三～七天就可以完成。化學醬油製造過程中的副產物是鹽（$HCl + NaOH = NaCl + H_2O$），所以鹽分高，味道死鹹。

化學醬油不耐煮，單次、短時間使用還可以，如果長時間滷煮，燉不出醬香味，純正的釀造醬油則是越煮越香醇。而且化學醬油在製造加工過程中，會產生 3- 單氯丙二醇（3-monochloro-1, 2-propanodiol, 3-MCPD），這是國際癌症研究署（International Agency for Research on Cancer）列為 2B 級（可能致癌因子）的化學物質，不可不慎。

事實上，化學醬油早已占據絕大部分的醬油市場，我們從小到大可能吃了無數，既然要在家自己烹調，還是應該選擇百分之百純天然釀造醬油，而非混充的化學醬油，也不是部分天然的勾兌醬油。

此外，黃豆醬油有基因改造黃豆的問題，黑豆則是台灣本土作物，沒有基改疑慮，雖然價格比較昂貴，但是黑豆醬油相對安全。

而即使是化學醬油，至少還含有蛋白質成分，現在還有不含蛋白質的醬油問世，號稱「一夜醬油」，是用焦糖色素和水解胺基酸混合完成，再度改寫醬油數千年歷史。外食族可要當心了。

醬料爆香的熗鍋技巧

曾被《紐約時報》推薦「世界十大美食餐廳」之一的台灣某大連鎖餐廳，日前因為食客要求在肉絲炒飯裡加醬油，被告知得多收五十元工本費，結果被嫌貴而上了新聞版面。一盤一六〇元的肉絲蛋炒飯，加醬油得多收將近三成的工本費，一般人的想法是：加一瓢醬油能多幾塊錢？但店家低調解釋，客製化炒飯其實還多了另外起鍋、洗鍋的成本。

梅納例外（Maillard exception） ·············
標準梅納反應的條件，是在 120℃ 以上短時間內完成，梅納例外則是生食材在低溫、長時間作用下完成褐化，形成香醇風味。起司、臘肉、豆瓣醬料都屬於梅納例外的傑作。

客製化的代價要收多少才合理，外人無法定奪，但是熗了醬油的焦巴炒鍋，如果沒清洗乾淨，那麼下一鍋炒出來的飯就不能見客了。這些隱形成本，平日遠庖廚的消費者可能無法理解。類似「事件」其實是有變通方法可以「兩全其美」，那就是做一瓶古早味爆香醬油（作法請見P.59〈味自慢小教室2〉），起鍋時淋一點，就有梅納醬油的鮮香了。

手邊沒有這一瓶醬油的人，該怎麼臨機應變呢？就在起鍋前在鍋邊熗一點醬油吧！的確，只要鍋邊溫度夠高，120℃以上都可以熗鍋邊，做出梅納反應的焦香味。但就得等著「收拾殘局」，用力刷黑鍋了。

煎荷包蛋
鍋中央無水，溫度高，熗鍋中央。

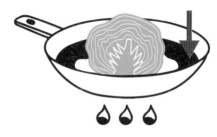

醬爆高麗菜
鍋中央有水，溫度不足，鍋邊溫度高，熗鍋邊才能做梅納反應。

嗆鍋只能在鍋邊嗎？空心菜炒蝦醬、醬爆高麗菜，都要熗鍋才好吃，但炒青菜類容易出水，把蝦醬加在鍋的中間，形同加在水裡，怎樣也爆不香，這種時候也只能在沒有水的鍋邊熗鍋了。

但是煎荷包蛋時，加醬油熗鍋，狀況又不同了。荷包蛋在鍋的中間凝固以後，是沒有水的，所以直接把醬油加在高溫的鍋中央，可以熗出梅納的醬香，又不會焦鍋。

所以說，熗鍋不是永遠熗鍋邊，也不是永遠加在鍋中間。做菜只要懂得原理，就可以見機行事，靈活運用。

Lesson 5.
醋的種類與
殺青防腐作用

　　醋不僅具有令人齒頰生津的調味作用，和鹽、糖一樣，也可以做為殺青、防腐之用。醋在熱鍋中爆香，還會產生沁人心脾的特殊酸香風味；就像酒在熱鍋中爆香，經過梅納反應後，也會散發特殊香醇味；而將醋與酒調和均勻，入鍋爆香，又會產生如同香蕉油的酯（Ester）香味。千變萬化的科學應用，在料理過程中與食材發揮加乘作用，豐富我們的味覺經驗，製造喜出望外的美味效果，是不是很有意思呢！

　　食用醋也有天然釀造醋（發酵醋）和化學醋（人工合成醋）之分，一般做薑絲大腸用的是化學醋（醋精），並非天然發酵醋。醋精為食用級冰醋酸稀釋而成，醋勁十足，但是沒有釀造醋的營養，偶爾吃無妨，多吃無益，還可能傷胃，而且務必留意稀釋濃度。

生米加醋 & 熟飯加醋

　　煮飯前加醋，殺青作用會讓米粒顆顆分明，米飯顏色亮白；煮飯後才加醋，能發揮殺菌作用，延長保鮮時間，例如日本壽司的醋飯，訣竅是趁著米飯剛起鍋的時候立刻拌醋，蒸騰的熱氣會帶走醋的水氣，減少米飯黏糊。

泡醋抑制肉毒桿菌

　　將新鮮蒜瓣浸泡在食用油中，做成大蒜油，可以直接用來炒菜、做義大利麵，美味又方便，但如果衛生條件沒控制好，會有滋生厭氧菌肉毒桿菌的危險。避免的方法是先將大蒜泡在醋裡大約 30 秒，撈起後，風乾表面水氣再泡油（若帶著水氣，浸泡後容易發霉），即可抑制肉毒桿菌增生。

泡醋臘八蒜有妙用

　　大蒜泡醋，在中國東北地方稱為「臘八蒜」，能去腥解膩助消化，是家常的佐飯小菜，也是保健食品，兼具釀造醋與大蒜兩者的保健優點，醋還可以降低蒜的辛辣刺激，緩和辛熱之性。大蒜泡醋，有時會變綠，這是醋加速細胞膜的通透性，把冬眠的大蒜酵素激發出來，釋出蒜藍素和蒜綠素，屬於正常現象，並不是發霉。

快失傳的焦糖密技

甘甜不膩的古早味
焦糖水與焦糖片

　　焦糖水和爆香醬油，一甜一鹹，是古早味的兩大祕密武器。可惜如此簡單卻美味的竅門，也漸漸失傳了。市面上很多甜飲店，也只是把糖和水攪拌和勻，就開張做生意。

　　過門媳婦煮甜湯圓，怎麼煮才會得人疼呢？千萬別只是將砂糖倒入滾水中溶化後，就把甜湯端出去。記得砂糖一定要先在乾鍋中用小火炒幾下，聞到焦香以後，再加入滾水中。只要多了這道簡單的手續，端出去的甜湯風味必定不同，會大家對妳豎起大拇指，說妳好賢慧。

焦糖水的作法

(1) 以 1 份水，3 份糖的比例，用小火熬煮成糖汁，至金黃色黏稠狀，就成焦糖。

　　tips：也可用乾鍋炒糖不加水，但是炒糖的量大時，不易控制溫度，一個不留神就焦化變苦，以水炒糖比較易於掌控溫度。

(2) 接著再加所需水量至沸騰，即煮出甘甜古早味的焦糖水。

　　若覺得單純加糖甜得發膩，不妨使用炒過的砂糖，不但甜度降低，還多了焦香，回甘不死甜。

　　日本的三味糖其實就是混合多種糖，和各種糖所炒的焦糖，增加口感層次，創造不同的細膩風味。

焦糖片的製作

平日做一些焦糖片，方便做菜時隨時取用，就不會臨到用時手忙腳亂，作法有兩種，可視需求選用適合自己的方式。

作法 A：以乾鍋炒糖

① 以 1 份水，3 份糖的比例，小火熬煮成糖汁，至金黃色黏稠狀，就成為焦糖。

② 趁熱把焦糖倒在烘焙紙上，冷卻後即可剝落成一片片焦糖片，裝罐冷藏。

作法 B：使用微波爐加熱

① 在杯中放入適量砂糖，加少許水濕潤砂糖表面，放入微波爐。

② 以 750W 的火力加熱 0.5 ~ 1 分鐘，杯裡的砂糖沸騰，散發焦糖香，就完成焦糖。

③ 趁熱倒在烘焙紙上鋪成片狀，冷卻後即可剝落成焦糖片，裝罐冷藏置冰箱，方便隨時取用。

焦糖片可以隨時拿來做菜，加入甜湯、飲料，或是搭配麵包、饅頭，用途多多，若加水溶化，就成為古早味焦糖水。

阿嬤古早味的祕密武器

製作一點就鮮美的爆香醬油

日本料理當中有「隱し味」（kakushiazi）一詞，「隱藏味」是指量少到令人難以察覺的佐料，卻能大大提升一道菜的美味，如果你怎樣都做不出懷念的古早味，那很可能是少了運用「梅納反應」做出來的「爆香醬油」。沒錯，「爆香醬油」正是阿嬤古早味的「隱し味」。

平常炒菜，醬油只要直接熗鍋即可。但也可以預先做一小瓶爆香醬油，放在冰箱裡，用來拌菜、拌飯、拌麵，或是淋在荷包蛋、炒飯上，美味又方便。

爆香醬油的作法

○ **食材**：食用油 1 碗、醬油 1/3 碗（食用油和醬油比為 3：1）

① 食用油在鍋中加熱至 160~170℃（大約是竹筷插入熱油中，筷緣冒出小油泡的程度），即可關掉爐火。

② 左手執起鍋蓋，擋在頭臉前方做為防護盾。右手把醬油倒入熱油鍋中，立刻迅速蓋上鍋蓋。

③ 待油爆停止，香氣四溢，即可將爆香醬油趁熱裝入玻璃瓶，或待冷後放進塑膠瓶裡，方便隨時取用。

千萬注意，醬油倒入熱油中，液體瞬間化為氣體，體積霎時膨脹千倍，所以萬萬不可使勁按壓鍋蓋。鍋蓋只要輕扣，好讓膨脹的熱氣有出口。

59

我做爆香醬油時絕對「全副武裝」，戴上眼鏡，而且必定忍住好奇，連那驚鴻一瞥都不行。千鈞一髮之際，毫不遲疑蓋上部分鍋蓋。安全至上，大意不得！

味自慢小教室　單元 3

高溫油爆的效用

入油鍋地獄，得來的撲鼻香

油炸爆炒帶來的梅納香氣

鹹魚臭不可聞，鹹魚要「翻身」，就得下油鍋，經過高溫爆炒之後，頃刻化身梅納海味的香醇甘美。

　　當然，如果有逐臭之夫，不吃鹹魚的腥臭不盡興，那你就直接把鹹魚加在一堆食材中慢慢炒、慢慢熬，保證越炒越腥，越煮越臭，讓你「如願以償」，扁魚、蝦米、臭豆腐等食材也是如此。

　　清蒸、水煮的臭豆腐，臭不可聞，但是油炸的臭豆腐經過梅納反應，臭味少了，多了梅納的酥脆焦香。蝦米是曬過、烤乾的熟食，放進其他食材裡面一起煮，慢慢加熱也會產生 WOF，所以和鹹魚、扁魚一樣，

都要在熱油鍋裡爆過才香。但是蝦皮就不同了，蝦皮很嬌貴，不但不能下油鍋，甚至不能洗，還必須冷凍保鮮。

蝦皮，通則之中的例外

我常光顧一家早餐店，總覺得他們的鹹豆漿鮮美味道不夠，於是調侃老闆說，「你買的蝦皮等級肯定不夠好，也沒放冷藏保存。」老闆急忙抗議，說他進的可是高檔蝦皮，還是從冷凍庫拿出來的。「你該不會把蝦皮拿去洗，還爆香了吧？」老闆傻了，遲疑兩秒鐘，我就知道「賓果」！

我也不方便點破，只是和他分享了某水煎包名店老闆的祕訣。這位老闆告訴我說，「蝦皮身上的鹽巴，吸附了蝦皮的鮮味精華，洗掉的是傻瓜。爆炒過的蝦皮雖然香，但是鮮味也沒了。」

早餐店老闆沒說什麼，但是從此再喝他們家的鹹豆漿，明顯喝到蝦皮的鮮香味，我稱讚他「你們家鹹豆漿越來越好喝了」。老闆笑得開懷，還奉送從大鍋熱豆漿上撈起的鮮豆皮給我加菜。

讓菜餚活色生香的綠色醬料

鹹香開胃的港式蔥油醬

用於蔥油雞飯、海南雞飯、廣式燒臘的蔥油醬，能去油解膩、調和口味，放上一匙鮮綠醬料，滿盤都活色生香了起來，平日拿來拌飯、拌麵也很對味。

作法也很簡單，只要把薑茸、細蔥末及食鹽直接在熱油鍋炒勻，或是將食材放在大碗內，以滾燙熱油倒入碗裡拌勻，利用熱油可以快速殺青，逼出辛香料的香氣。不過，這兩種作法都會使細蔥末很快被熱油泡爛，賣相不佳，而且當餐現做的蔥油醬吃起來是很色香味俱全，但放久了也會醬色發黃，開始走味……

其實，只要稍微用一點技巧，就能保留蔥綠的鮮色和清脆的口感。

港式蔥油醬的改良作法

○ **食材**：薑茸、細蔥末、鹽、食用油適量

① 薑茸、細蔥末及食鹽放在碗內攪勻。

② 金屬細篩濾網架在大碗上，將 1 倒入細篩網裡。

③ 然後用滾燙的熱油慢慢淋在細篩網的薑茸、細蔥末上完成殺青，讓油流到下方的大碗中。

④ 最重要的步驟是要等大碗裡的熱油降溫後，才將細篩網裡殺青的薑茸、細蔥末拌入溫油中，這樣蔥就能維持青翠了。

用滾燙的熱油慢慢淋，完成殺青

薑茸、細蔥末及食鹽

等大碗裡的熱油降溫再拌入

港式蔥油醬的改良作法

蔥油醬的更多製作眉角

① 蔥不宜用太粗大的，因為大支的蔥纖維粗、切面直徑大，不容易剁碎。蔥末若太粗大，熱油無法充分殺青、殺菌。

② 若要升級，可以美味細嫩的珠蔥取代普通青蔥，以玫瑰鹽取代精鹽，以雞油取代普通食用油，材料升級的蔥油醬口感層次豐富，味道更清爽甘美。

③ 想嘗試不同的材料，可將青蔥改成大蒜末，就成台式口味。

⊙珠蔥也可以搭配肉絲當青菜炒，少了大蔥的嗆辣，多了清甜鮮美的好滋味，令人欲罷不能。

⊙可以利用食物研磨機，快速研磨成薑茸和細蔥末。

肉類＆海鮮的
料理精髓

肉類與海鮮最怕不新鮮、存放不當產生油耗味，又怕燒
得過熟，太硬太柴嚼不動；煮得太生令人反胃，還有安
全疑慮，所以重點在如何冰存與解凍，可以保鮮又不流
失美味；如何復熱可以避免 WOF；如何利用「快速熟
成」為食材升級，又能吃到多汁的鮮美與該有的口感。
再適時搭配殺青、快速熟成、梅納、焦糖化等工法畫
龍點睛，你就已經掌握大魚大肉的料理精髓了。

Chapter
食材應用篇 part 1

Lesson 6.
溫體肉的保鮮處理

　　提到肉品，在高溫多濕的台灣，除了新鮮現宰立即下鍋，或是人道宰殺後，全程在低溫作業環境處理、貯存、運送的肉品，否則都要像提防無孔不入的網路駭客一樣，嚴防腐敗。

　　溫體肉的衛生控管和運送條件難以掌握，補救之道就是回家後盡速降溫。請肉販先幫你把一天要吃的分量裝一袋，分袋包裝。回到家以後，將每袋肉攤平在冷凍庫裡，避免重疊，以便快速降溫到 4℃ 左右，預防細菌滋生。兩天內要吃的肉，再移到冷藏室冷藏，就可以吃到溫體肉的鮮，兩天後要吃的肉，繼續冷凍保存。

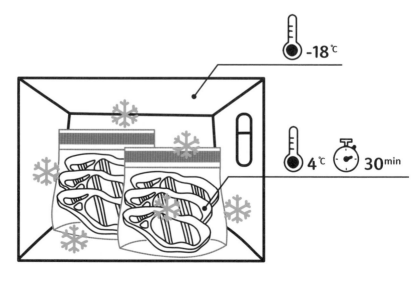

在冷凍庫中快速降溫至 4℃，約需 30 分鐘

-18℃

4℃ 30min

記得設定計時器，半個鐘頭一到，把這兩天要吃的肉從冷凍庫移到冷藏，才能吃到鮮美的溫體肉。否則，等到凍硬了以後再解凍，就枉費你一早上市場買溫體鮮肉了。

肉品要趁鮮冷藏冰存

星期假日大採買，回家後，把排骨肉、帶骨雞肉，都先用熱水汆燙去血水，再沖洗冷水降溫，洗去黏附的血漬和雜質，然後分裝冷凍。集中處理的這天雖然費事，但是接下來的十天半個月，只要直接把排肉解凍下鍋就能吃，好不方便。看看，就連做菜都有計畫、講效率，是不是值得嘉獎！

恭喜你，兩天後，你可能就是 WOF 的中獎人！

WOF 好似肉類與海鮮食材的宿命，如影隨形、無所不在，多少名廚和大餐廳，都曾栽在 WOF 這一關，而且他們的做法竟和你雷同：事先把排骨肉煮熟冰存，可以加快處理流程，提高翻桌率。這樣做確實省時方便，但是幾天後 WOF 現形，除非饕客們只喝湯不吃肉，否則店家招牌就會被 WOF 給砸了。

禽肉和豬肉的脂肪組織含有較多不飽合脂肪酸，WOF 會比牛肉嚴重；帶骨的肉和血水多的內臟，更要慎防 WOF。預先加熱再冰存的帶骨肉，大約一到兩天就會出現 WOF，所以就別花時間先烹煮，不如趁鮮冷藏或冷凍，料理前，用 1% 鹽水浸泡解凍，可讓血水滲出並減少異味。

餐廳營業用的肉量大，集中備料處理是現實所需，但是熟肉起鍋後往往直接攤在室溫下放涼，全程曝露在空氣中，等到收進冰箱冷藏，都是半天以後的事，所以一兩天後就會出現 WOF。建議趁滾燙起鍋時立刻進行低氧低菌打包，可以有效延長保鮮期。方法請見下一課。

Lesson 7.
避免油騷味的
低氧低菌處理法
在家就可操作！

　　冰箱不是萬能，肉的冷藏也是有期限的，一般熟肉冷藏大約兩天；冰凍熟肉大約一到兩星期；冰凍生肉則是一到兩個月左右，若慢慢升溫復熱或烹煮，就易產生 WOF；如果快速升溫復熱或烹煮，可以減少WOF。（關於 WOF 的說明請見 P.20〈真實情境申論題 Q4—為何同樣的臊子在魚香茄子中會有油騷味，而爆炒蝦仁卻沒有？〉）

預防 WOF 的方法

▲ 新鮮是王道，肉類趁新鮮享用最好，烹調時抓好分量，盡量吃完不要有剩菜，就不用面對 WOF 的問題。

▲ 烹調時可以加少許迷迭香，迷迭香是抗氧化劑，減少氧化就可減少復熱時的 WOF。

▲ 如果大量烹調，完成時立即趁熱真空包裝，或低氧低菌打包，減少氧氣滲入，如此復熱時即可避免 WOF。

▲ 保留湯汁表面的浮油。滷肉飯幾乎沒有 WOF 的問題，正是因為滷汁及表面一層厚油隔絕空氣。

加了亞硝酸鹽的臘肉、香腸、火腿等加工肉品，已經做了防腐，不會有 WOF 的問題，但是化學添加劑的安全性又是另一項課題。此外，也因為做過防腐，讓酵素失去活性，所以也無法利用酵素來進行快速熟成。

家庭廚房的簡易低氧低菌處理

　　食物煮熟以後，趁著熱騰騰時打包，做真空包裝或低氧低菌處理，可以有效延長保鮮期，避免 WOF。但是一般人家裡沒有機器設備，無法做真空包裝，但低氧低菌處理倒是有方便可行之計。

方法如下：

1. 趁食物熱騰騰起鍋，立刻低氧低菌打包。高溫可以燙死細菌，這時候進行包裝，能夠把菌數降到最低。

2.

選用密封性良好的保鮮盒，充分清潔乾燥以後，趕緊將滾燙的食物裝滿保鮮盒，壓緊盒蓋，封存打包。動作要快速俐落，然後記得在盒子上標註日期。

如果確實做到低氧低菌處理，常溫下放置兩天不易腐壞酸敗，冷藏可以保鮮一星期左右。

tips：食物的分量要能夠塞滿保鮮盒。食物分量不足，保鮮盒多出太多空間，就無法做到低菌數。

萬一沒有尺寸合適或密閉性足夠的保鮮盒，霧面的耐熱塑膠袋會是救急的好幫手。放進熱食以後，擠出空氣，趕緊把袋口綁緊封死，如果怕塑膠袋的接合處破裂，套上第二層，袋口同樣封緊，以策安全。

tips：市面上最常見的食品包裝塑膠袋有兩種，一種亮面，一種霧面。霧面的是耐熱高密度聚乙烯塑膠袋（HDPE bag），可以耐熱 100℃。使用塑膠袋時，第一層塑膠袋丟棄之前還可以充當小型垃圾袋，第二層乾淨塑膠袋請回收再利用，切莫浪費。

▊▊ WOF 補救之道 ▊▊

煮熟的白斬雞、五花肉、排骨肉等，在室溫下放置過久，或是在冰箱裡冷藏約兩天後，重新拿出來加熱，無論是蒸、煮、炒、滷、燉，都掩蓋不了難聞的 WOF。

若不想浪費食物，已經出現 WOF 的食物，有幾種補救方法。

(1) 直接冷盤出場，不要再加熱，就不會有重複加熱放大 WOF 的問題。

(2) 如果一定要加熱的肉品，則利用快速高溫加熱，如此可抑制 WOF 因為慢速加熱而放大的特性。但肉品快速加熱時，若想提高效率，記得先將食材先切小塊，再進行大火熱油爆炒或高溫油炸、高溫微波。

(3) 若是湯類，無法高溫快速加熱時，也可以加熱後不吃肉，只喝湯，因為 WOF 並不會影響湯的風味。

 每次加熱的量不能太多，否則溫度上不去，還是成了慢速加熱。

Lesson 8.
肉類解凍過程的
保鮮處理

　　生長在陸地上的禽畜肉類，一般含有1%左右的鮮味成分（Umami），冰凍肉在解凍過程中，鮮味容易隨著解凍的水一起流失，所以很多店家都標榜只用溫體肉，因為溫體肉就不會有鮮味流失的問題。

　　如果冷凍後的肉，其實也可以用技巧在解凍時儘量保持鮮味成分，準備濃度1%的鹽水，將肉浸置鹽水中解凍，就可以利用等滲透壓原理，減少鮮味流失，尤其是傳統市場的豬肉暴露於室溫太久，已經不夠新鮮，冷凍後解凍時，應拆去包裝塑膠袋，把肉直接浸泡在鹽水中解凍，才能一併去除腥味的血水和淋巴液。

　　不過，全程低溫處理的高級冷凍肉，建議不要拆除包裝塑膠袋，直接放入清水中解凍，以免美味血水流失。

　　若想進一步提升肉的保汁性，則可浸泡在濃度3%的鹽水解凍，讓鹽分反滲入肉中，烹調後肉質比較多汁軟嫩，但鮮味會減少。

▌▌ 生鮮肉品美味處理大原則 ▌▌

泡薄鹽水是為了提高肉的保汁性，使肉軟嫩多汁，例如山豬肉經處理後就能更軟嫩，而生鮮高級牛肉就不必浸泡鹽水去腥味和血水。

生鮮肉品仍保有酵素活性，料理時的加熱手法可以讓肉更鮮美，但要針對肉的類型調整，一般可大略分為帶骨肉和無骨肉兩大類，有不同的處理方式。

帶骨肉

帶骨肉血水多，慢慢加熱易產生 WOF，所以不建議使用快速熟成工法來烹調。無論常溫或解凍，烹調前都先浸泡 3% 鹽水 30分鐘，讓鹽分直接進入食材組織，增加保汁性，使肉質柔軟。

無骨肉

多半會做快速熟成，無論常溫或解凍，都浸泡 1% 鹽水 30 分鐘即可。

以上兩者應視食材厚薄、體積大小與分量多寡調整鹽水浸泡時間。

如果在家中冰箱的冷凍庫挖出了「珍藏」超過一個月的生凍肉，就可以活用本文所述，以薄鹽水解凍後，切薄片或小塊，先用高溫油鍋大火爆炒再料理，利用瞬間高溫加熱，預防可能的 WOF。

Lesson 9.
牛肉的美味料理方式
與好點子

　　牛肉單價高，因此從屠宰到包裝運送，全程享有「高規格禮遇」，衛生條件與冷藏、冷凍保鮮都優於一般肉類，尤其是高級牛排肉，烹調時無需再經過浸泡鹽水的去血、去腥處理，可以保留血水一同烹煮。而如果買的是上好牛排肉，例如菲力，不須任何熟成都柔嫩好吃，但是次一點的部位，就需要經過時間熟成，藉由牛肉本身所含的蛋白酵素，慢慢崩解牛肉纖維，軟化肉質。

　　精打細算的家庭煮夫與煮婦，其實只要善用烹調前泡油，或醃漬鹽巴（醬油），加上烹調中進行快速熟成，即可將纖維比較粗硬、肉質比較乾柴的牛肉，做得美味適口，花少少的預算，照樣享受高檔的美食樂趣。這些科學妙招，一定要學起來！

牛肉的熟成 ‧‧‧‧‧‧‧‧‧‧‧‧‧‧‧‧‧‧‧‧‧‧‧‧‧‧‧‧‧‧‧‧

大致分為濕式與乾式兩種。台灣進口牛肉多採濕式熟成，以真空包裝技術將新鮮牛肉包膜，使其在冷藏運送過程中自然熟成，達到軟嫩多汁的效果。乾式熟成則不加外包裝，直接把牛肉靜置在 0 ～ 4℃左右、濕度 75 ～ 80%、具有紫外線殺菌器的冷藏熟成室中，熟成 20 ～ 45 天不等；熟成後，還必須去除肉品風乾的厚硬外殼，因此耗損率高達三成，價格昂貴。

Homework 牛肉 1

天天變化好口味

萬用滷牛腱的作法與應用

肉類加熱後蛋白質都會收縮，收縮越多，肉質越硬。豬肉的收縮率大約是 25%，牛腱肉則高達 40% 左右，因此牛腱肉不但需要善用快速熟成工法，燉煮起來更加耗時費工，所以建議不妨一次多燉一些，以低氧低菌冰存，平時只要變化醬料或湯底，即可天天都能換新口味，讓餐桌變得更豐富。

「萬用滷牛腱」就是從這樣的 idea 得來，喜歡吃牛腩、牛肋條的人，也同時可滷些這些部位的肉，自由選配，一次滿足多重享受，

○ **食材**：牛腱 6 顆（或牛腩、牛肋條）、粗鹽、二砂、醬油適量

① 冰凍牛腱表面擦乾直接抹粗鹽，做成粗鹽醃牛肉在冷藏室解凍。

tips：所有未加工生肉在下鍋前先適量抹鹽，能減少蛋白質在加熱過程中收縮，提高保汁性，把肉質變得 tender and juicy！鹽的選擇以粗鹽為佳，鹽顆粒越粗、食材的表面越乾燥，鹽入味越慢，若用精鹽、潮濕的鹽，都會加快鹽分滲入食材組織而過鹹，使用時要少量薄塗；而使用天然鹽會比精鹽的味道好。

② 解凍後，洗去表面鹽粒。

③ 牛腱置入鍋中，加冷水蓋過肉。

④ 中火慢慢加熱，使其約 1 小時後達到沸騰。

tips：要確保加熱過程緩慢，方能夠進行快速熟成，提升肉的保汁性。

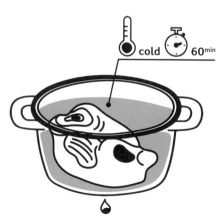

cold　60ᵐⁱⁿ

⑤　沸騰後，轉小火繼續滾水煮約 30 分鐘。

⑥　此時另起一油鍋，加少許二砂，小火煮至糖焦香後關火。

tips：為焦糖化工法的應用

⑦　將醬油加入焦糖鍋中，藉熱油溫做梅納醬油。

tips：梅納工法的應用。記得先做焦糖，再做梅納醬油。如果步驟顛倒，加了醬油的油鍋水氣多，就做不成焦糖了。

⑧　將焦糖梅納醬油倒入牛肉鍋中攪勻，時間到後關爐火，讓牛腱浸泡於湯汁中慢慢降溫，透過熱浸，吸收湯汁後，肉質會更柔軟。

⑨　牛腱浸泡整夜吸收美味湯汁，第二天重新加熱至沸騰，當餐的肉另外料理或立即享用，非當餐使用的肉趁熱做低氧低菌打包，封存冷藏。

tips：牛腱烹調全程都應浸泡於湯汁，湯汁要蓋過牛肉，才能保證肉質多汁不乾柴。

⑩　留下的一鍋滷汁，保留表面油層不要撇去，冷藏做為高湯之用。

tips：油脂不是壞東西，滷汁表面厚厚的一層油脂是最佳的低氧低菌保護。表面油亮亮的滷肉膜，較不用擔心 WOF，但是膜子肉曝露於空氣中，很容易出現 WOF。

oil

粗鹽醃牛肉（Corned Beef） ••••••••••••••••••••••••••

是北美常見的食材，「corned」並非玉米，而是指粗顆粒的鹽。

熱浸 ••

肉類煮滾時，組織因為細胞膜破裂，細胞裡的組織液流出而收縮；將肉浸泡在熱湯汁裡慢慢冷卻數小時，肉會吸回部分汁液，變得比較軟嫩。

滷牛腱食譜所介紹的食譜的食材分量和烹調時間，請按照牛肉種類、人數和口味喜好彈性調整。燉煮牛肉的時間，台灣牛比澳洲牛久一些。美牛的奶味重，比較不適合做川味紅燒牛肉，而適合做紅酒燉牛肉。

▌▌ 滷煮燉肉的好吃祕訣 ▌▌

①　材料前處理可用一般鍋子，開始燉煮時最好換成陶瓷燉鍋或康寧鍋、鑄鐵鍋，至少用厚底不鏽鋼鍋。如果用炒菜鍋或電鍋內鍋，這些鍋的材質薄，熄火後降溫快，燉肉燜的時間不足，肉質不易軟也不入味。

陶瓷燉鍋　　　　　　　　　鑄鐵鍋

②　肉類燉煮到六分軟時，要熄火讓溫度慢慢下降，放在厚鍋內保溫性好，肉會慢慢軟爛，而且吸足調味醬汁。等降溫到不燙手，再開爐火煮到自己喜歡的軟度，肉類就會香味十足。千萬不要一直開著火煮兩三小時，容易把肉煮到乾澀，且甜分都跑到湯汁裡。

　　這些方法，雞豬牛羊等肉類都適用。

Homework 牛肉 2

瘦身餐特選

萬用滷牛腱的 5 天應用變化

在此整理了滷牛腱的應用變化，讓你可以一連五天以滷牛腱為基礎，變化出五種菜餚。包括滷牛腱切盤、紅酒燉牛肉、羅宋湯、紅燒茄汁牛肉與咖哩牛肉。

Day1　滷牛腱切盤

第一天直接以將萬用滷牛腱切片做成冷盤上桌，可搭配爽口的港式蔥油醬（作法請見 P.62〈味自慢小教室 4〉），或新鮮辣椒醬油享用。

Day2 　紅酒燉牛肉

　　紅葡萄酒中的單寧酸會改變肉味，使肉質更鮮美。吃牛小排若小酌紅葡萄酒，單寧酸能提升口中的第六美味（旨味），而旨味又能減少單寧酸產生的澀味，而達到水幫魚、魚幫水的加乘功效。

○ **食材**：牛腱、紅酒、高湯各 500 公克，洋蔥 1 顆、紅蘿蔔半條、牛番茄一顆（或番茄糊 20 公克）、蘑菇十數朵、奶油適量。

tips：用來燉牛肉的紅酒，宜選擇酸澀度低和不甜的紅酒。

○ **調味料**：黑胡椒適量，百里香、月桂葉、奧勒岡葉少量。

① 萬用牛腱肉切塊，表面沾薄麵粉，待麵粉反潮後，下鍋油炸。

tips：用高筋麵粉，黏附性會更佳。要等肉片表面的麵粉反潮後再下油鍋，麵皮才不容易脫落。

② 炸到肉片表面金黃焦香，完成梅納反應以後，起鍋備用。

③ 洋蔥切細絲，與奶油充分煎至脫水，洋蔥呈黃褐色，散發焦糖香味。

tip：洋蔥煎至黃褐色，表示已完成梅納反應。

④ 紅蘿蔔、牛番茄切塊（或番茄糊），蘑菇對切，放入鍋裡與洋蔥一同拌炒。

⑤ 接著加紅酒、牛肉厚片、黑胡椒、百里香、月桂葉、奧勒岡葉，燉至微收汁即可。

Day3　羅宋湯

　　第三天的餐桌充滿俄羅斯異國風情。羅宋湯（Russian Borscht）是源自俄羅斯的一道家常雜菜湯，尤其盛行於烏克蘭、東歐等地，又稱為「紅菜頭湯」（紅菜頭即甜菜根）。夢幻的粉紅湯色，是不是讓你聯想起童話般的俄羅斯洋蔥頭圓頂建築呢？

○　**食材**：甜菜根 2 顆、洋蔥 1 顆、紅蘿蔔 1 條、馬鈴薯 2 顆、牛肉高湯 1000 cc、奶油及食用油適量。

○　**調味料**：鹽、黑胡椒、麵粉適量

①　洋蔥切細絲，以奶油充分煎至脫水，至洋蔥呈現黃褐色，散發焦糖香味。

　　tips：洋蔥煎至黃褐色，表示已完成梅納反應。

②　紅蘿蔔刨細絲，另起油鍋煎至產生梅納香。

③　將 1、2 的洋蔥絲和紅蘿蔔絲，連同鍋裡的油倒入高湯鍋裡，與切絲的甜菜根、切塊的馬鈴薯，加黑胡椒一同熬煮。

④　另起鍋，麵粉慢慢加入奶油熱鍋中，小火炒成金黃色麵糊，倒入3 的湯鍋中攪勻，沸騰即可關火。

　　tips：西方人做濃湯，習慣用炒香的麵粉增稠，麵粉炒香後的梅納反應，能增添湯頭的風味。

⑤　加適量鹽調味，完成香濃羅宋湯！

Day4　紅燒茄汁牛肉

以番茄搭配牛肉也是常見的口味，番茄甜中帶酸，使牛肉吃起來香而不膩，配飯拌麵都十分適合，更重要的是營養滿分。

○ **食材**：萬用滷牛腱600公克、蒜頭1球、蔥6支、薑1塊、紅辣椒2～3根、牛番茄2顆、牛肉高湯適量。

○ **調味料**：辣豆瓣醬4大匙，醬油半杯（視廠牌鹹度辣度及個人喜好），鹽少許，酒1杯、滷香包1包（含花椒、八角、陳皮、桂皮、小茴、丁香、甘草等）

① 蒜頭去皮洗淨，蔥切兩段，薑切片，辣椒切段。

② 熱油鍋，蔥薑蒜辣椒爆香，炒到蔥白出現褐色，散發焦香味。

③ 加辣豆瓣醬，炒出辣味後，加酒炒出酒香，再放醬油炒出醬香，加番茄（切塊）、萬用滷牛腱（切塊）。

tips：選用郫縣豆瓣醬，口味更道地。

④ 加牛高湯淹過牛肉約1~2公分，放滷包，煮至稍微收汁即可。

Day5　咖哩牛肉

牛腱肉放到第五天，用咖哩的辛香料來去味提鮮，一鍋咖哩牛肉，冬天裡吃暖胃，夏天裡吃開胃，加入椰奶融合後，是連小朋友都愛的一道菜。

○ **食材**：滷牛腱600公克、椰奶200 cc、洋蔥1顆、牛番茄1顆、扁豆50公克，薑、蒜頭適量，高湯適量。

調味料：薑黃粉、黑胡椒粒、芫荽籽、小茴香籽、綜合咖哩粉、咖哩葉、月桂葉、丁香、肉桂棒、鹽，均適量。

1. 牛腱肉切塊，加薑黃粉攪拌後醃一下備用。洋蔥切小片，番茄切丁，扁豆泡軟，薑蒜切細末。

2. 鍋內油加熱，放入洋蔥、薑末炒香，再加蒜末爆香。

3. 加入咖哩粉炒香，再將番茄塊放入炒軟。

4. 最後將牛腱肉塊、扁豆、高湯放入，再倒入其他調味香料，一同煮至稍微收汁。

5. 倒入椰奶拌勻，待沸騰後即可起鍋。

▌▌　調味料在熱鍋中乾炒不算真的爆香　▌▌

許多人以為，將香料（例如茴香、八角、花椒、咖哩粉）放在乾鍋裡炒過，就是爆香。但其實，香料用乾鍋炒，溫度不過60℃左右，只會把水氣逼走，激發出香料本身的香氣，但是無法到達梅納反應的120℃，產生新的濃郁風味，所以不能算爆香。

很多油溶性的香料，必須經過熱油萃取，才能夠釋出美味成分。所以咖哩粉經過熱油鍋炒後，會散發出更豐富多層次的香氣。

1 加 1 大於 2 的日常菜

牛肉絲的應用

日常廚房中，若常備可以切絲使用的牛肉，隨時都可以搭配其他食材，炒出香噴噴又下飯的菜餚，例如青椒牛肉、空心菜牛肉等，無論是自己吃或請客，都是非常討喜的快炒菜。

不過，炒牛肉絲要好吃，還是有很多眉角要注意，首先我們來看看事前的準備。選用肉質軟嫩的牛排肉，口感最好；如果買到纖維粗硬的部位，可以少量食用油先浸泡，待肉絲把油吸乾以後，再加入少量油，如此少量多次泡油以後，將吸飽油的肉絲抓些許醬油或鹽、料理米酒，肉絲就變得較為軟嫩多汁，這樣就完成了炒牛肉絲的前置處理。

 泡油處理是針對瘦而硬的肉，若油花飽滿的肉絲，就不必做這樣的處理喔！

▟▌ ▌ 讓肉軟嫩的正確處理法，不是放太白粉 ▌ ▌▙

有的人習慣為肉絲、肉片裹太白粉，認為這樣炒起比較滑嫩，又能吸收醬汁，吃起來更有味道。但其實，裹太白粉對改善肉質幫助不大，炒起來容易黏鍋，還會吸附太多油。想改善肉質粗硬，可透過浸泡油，或浸泡少許料酒、醬油、鹽，鎖住肉絲水分；或是放入少許生鮮水果醃一下，例如鳳梨、木瓜，藉水果中的蛋白質酵素軟化肉質，增添香氣，都是比使用太白粉更為有效的好方法。

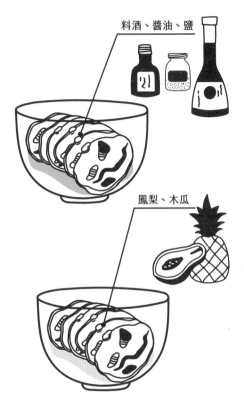

料酒、醬油、鹽

鳳梨、木瓜

應用 1　蔥爆牛肉、青椒牛肉

　　除了蔥之外，切絲的青椒也常用來與牛肉絲一起炒，而且兩者的作法一樣，學會這一道，還可以自己變化搭配不同的蔬菜喔！

◯ **食材**：牛肉絲 150 公克、老薑一小塊、蒜頭 3 顆、辣椒 1 根、蔥 4 支。

◯ **調味料**：醬油、料酒適量。

1. 牛肉絲完成前置處理。

2. 蒜頭切末、薑切片、辣椒斜切，蔥切段後，將蔥白、蔥綠分開。

3. 熱油鍋，鍋中放少許鹽，中溫時下肉絲翻炒，見肉絲變色即撈起，進行快速熟成，備用。

   tips：油鍋中先放少許鹽，可以防止肉絲黏鍋。

   tips：肉絲分量夠多時（大約 300 公克以上），不妨做進階版的「梅納肉絲」，提升香味層次。

4. 油鍋燒熱，加入薑片、蔥白、蒜末炒香。

5. 加入炒過的半熟牛肉絲與調味料，一起拌炒。

6. 待肉絲熟透，加入辣椒、蔥綠拌炒兩下即可起鍋。

   tips：喜歡吃辣的人，辣椒可以提前和蒜末一起炒。

進階版的梅納肉絲要這樣炒！

做梅納肉絲，肉量多效果好，300 公克以上為宜，若肉絲分量太少，大火一加熱，肉絲會直接熟透，使得肉質過老過硬。

因此，當炒肉絲的分量足夠時，可以利用梅納肉絲的作法，讓肉絲更香。作法也很簡單。

起油鍋，放少許油和鹽，開大火，直接放入肉絲，而且不要攪拌鍋裡的肉，待鍋中飄出香味，完成部分梅納反應，立即轉中火拌炒，半熟時就盛起，放置在盤中等待數分鐘，讓肉絲完成快速熟成即可。

製作的時候要注意以下三點：

① 一開始火力要大，若火力不夠大，肉絲會出水，溫度不夠無法快速產生梅納反應。

② 下鍋後不要攪拌，因為攪拌也會造成肉絲出水，做不成梅納反應，肉絲就不香。

③ 飄出香味就要立刻起鍋，以免肉絲過熟，無法進行快速熟成。

成功的關鍵就是高溫產生梅納反應，肉絲才會香；快速撈起不能使肉絲過熟，才能讓肉絲快速熟成，達到軟嫩的口感。

韭黃是經過遮蓋未曬到陽光的韭菜，栽培過程較繁瑣，因此比韭菜貴，其香氣與牛肉或蝦仁都非常搭配，味道細緻而甘甜，採用韭黃來搭配做出的快炒料理，即使是宴客餐桌上也不遜色。

食材：牛肉絲 150 公克、韭黃 150 公克切段、鹽適量

1　牛肉絲完成前置處理。

2　起油鍋燒熱，鍋中放少許鹽，中溫時下肉絲翻炒，見肉絲變色即撈起，進行快速熟成，備用。

tips：油鍋中先放少許鹽，可以防止肉絲黏鍋。

tips：肉絲分量夠多時（大約 300 公克以上），不妨做進階版的「梅納肉絲」，提升香味。

3　油鍋燒熱，加鹽，大火爆炒韭黃，翻炒兩三下，立刻加入炒過的半熟牛肉絲。肉熟透時，立即關火起鍋。

tips：韭黃易熟不耐炒，應高溫熱油殺青，快速起鍋。

tips：油鍋中先加鹽巴，也有殺青效果。

▌▌ 炒青菜的雙重殺青法 ▌▌

炒蔬菜多數都講究殺青，除了熱油爆炒殺青，還可以預先在熱油中下少許鹽巴，達到雙重殺青功效。步驟是：

熱油　　　　下少許鹽巴　　　　爆炒青菜　　　　起鍋前再加足鹽巴

應用3　空心菜沙茶牛肉

　　翻遍沙茶醬原料，裡面並沒有茶，為何叫做「沙茶」呢？據說，潮汕地區特有的沙茶醬，最初是改良自東南亞的沙嗲醬，讀音都是「Sa teh」。雖然語出同源，不過兩者的風味其實並不一樣。沙茶醬重鹹輕甜，有濃濃的魚蝦鹹香風味，沙嗲醬則偏甜、偏辣，而且花生多，可不要拿沙嗲醬當沙茶醬炒喔！

○　**食材**：牛肉絲150公克、空心菜150公克、紅辣椒一根、蒜末少許。

○　**調味料**：沙茶醬、米酒、醬油、鹽適量。

① 牛肉絲完成前置備料。

② 空心菜摘去老梗後洗淨切段，並將梗與葉分開備用。

③ 起油鍋燒熱，鍋中放少許鹽，中溫時放入肉絲翻炒，見肉絲變色即撈起，進行快速熟成，備用。

　　tips：油鍋中先放少許鹽，可以防止肉絲黏鍋。

　　tips：肉絲分量夠多時（大約300公克以上），不妨做進階版的「梅納肉絲」，提升香味層次。

④ 熱油鍋，爆香蒜末，先下空心菜梗，翻炒片刻。

　　tips：喜歡吃辣的人，辣椒可以提前和蒜末一起炒。

⑤ 加入五分熟牛肉絲和沙茶醬，一起爆炒。

⑥ 放入空心菜葉，大火翻炒，以鹽調味。

⑦ 起鍋前加辣椒片，拌炒一下即可起鍋。（喜歡勾芡口味的人，可以在起鍋前勾一點薄芡。）

Lesson 10.
豬肉的保鮮與
應用祕訣

　　除了穆斯林、猶太教信徒和素食主義者，豬肉可說是最百搭的餐桌良伴。台灣常見的肉豬，大致分為黑毛豬與白毛豬。兩者並非真的以毛色區分，而是品種不同。白毛豬成長速度快，黑毛豬成長速度慢。屠宰場的大型除毛機，只能處理體重約兩百台斤左右的屠體，而白毛豬養到兩百天，大約就是這個重量。黑毛豬則必須養到四百天左右，才會達到兩百台斤。黑毛豬飼養時間長，肉質和風味更好，身價較高也就不在話下了。

豬肉的保鮮調理原則

　　餐廳大廚都懂得肉要泡薄鹽水解凍、去除血水、提升保汁性，而不要沖活水或是泡清水。

　　原則上，無骨肉在調烹時多半要做快速熟成，烹調前，無論常溫或解凍，都浸泡 1% 鹽水 30 分鐘；帶骨肉因為容易產生 WOF，所以不做快速熟成，無論常溫或解凍，都浸泡 3% 鹽水 30 分鐘，讓鹽分直接進入食材組織，增加保汁性，使肉質柔軟。

　　tips：應視食材厚薄、體積大小與分量多寡調整鹽水浸泡時間。

無骨豬肉和帶骨豬肉的保鮮調理比較

▌▌　去除豬肉腥味，傳統與科學各有一套　▌▌

老一輩喜歡用滾水氽燙豬肉，說是把鮮味瞬間鎖進肉裡，吃起來鮮嫩多汁，你的長輩也是這樣教你嗎？

從科學的角度來看，溫體肉於室溫暴露過久，血水和淋巴液氧化造成豬肉的腥臊味。若是用滾水氽燙不夠新鮮的溫體豬肉，蛋白質遇熱凝固，腥臊味反而被封在肉的組織裡。這時，多數人會用大量蔥、薑、酒來壓豬肉的腥臊味，壓過了，肉味沒了，壓不過，難聞的味道有你受的。

而老一輩之所以可以用滾水氽燙的溫體豬肉，是因為豬肉夠新鮮，當時大都是本地現宰的新鮮屠體，無腥臊味問題，只要用少量蔥薑酒提味，就會肉鮮味美。

因此，除非你對自己買的豬肉鮮度有十足把握，否則，泡1~3% 鹽水去腥，還是比較保險的作法。

 冰凍超過一個月的帶骨肉，若緩慢加熱易產生 WOF，必須切小塊，高溫快速油炸，以香酥味取勝，例如做成排骨酥，就很合適。

炸煮蒸燉甜鹹香

排骨肉的料理變化

排骨肉使用之前，記得要先做前置的處理，因為肉豬屠體大都在戶外暴露過久，血水及淋巴液容易氧化產生豬肉的腥臊味。

不少人慣用「跑活水」（流水沖洗）的方法減少豬肉的腥臊味，或是用滾水汆燙。但是流水會減少豬肉的鮮味成分，滾水汆燙瞬間凝固蛋白質，把不鮮的腥臭味鎖在組織裡，在接下來的烹調過程中，骨頭裡的血水有可能透過慢速加熱，造成 WOF。

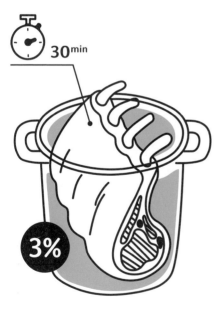

因此，正確的處理方式是將豬排骨肉以 3% 鹽水浸泡 30 分鐘，利用滲透壓去血水、淋巴液，又能保持鮮味，並提升肉的保汁性。過程中適度換薄鹽水，如此反覆數次，直到水色乾淨（或是肉解凍）。

處理好的排骨就可以做各種應用，在此篇章中整理適合在家可以自己料理的食譜，有各種不同的烹調方式與滋味，找一個自己喜歡的排骨作法，自己動手做做看！

帶骨肉在烹調時不做快速熟成，因為骨頭裡的血水不容易清理乾淨，做快速熟成容易產生 WOF。因為省略快速熟成步驟，所以浸泡 3% 鹽水，強化肉的保汁性，讓肉質比較軟嫩。

變化 1　京都排骨

京都排骨的京都，是古代六朝或明朝的京都「南京」，屬於江浙菜系，傳統的作法是以滾水汆燙豬小排，然後將小排先用醬料醃漬直接油炸，並不裹粉。但在此建議以 3% 鹽水浸泡處理豬小排，不用醬料醃漬，直接裹麵粉油炸，多了麵粉油炸香氣，一則表面酥脆，一則是更容易沾附醬汁。

○ **食材**：豬小排 600 公克、蒜末 1 茶匙、熟芝麻粒 2 小匙、麵粉少許。

○ **醬汁材料**：二砂 2 大匙、醬油 1 大匙、白醋（或柳橙汁）1 大匙、水 1 大匙、麵粉適量。

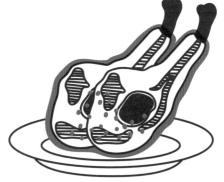

① 豬小排完成前置準備，瀝乾水份，裹上一層麵粉。

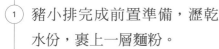

② 待粉體反潮，鍋中溫油至約 140℃時，放入油鍋炸至酥脆（梅納反應）後撈起，瀝油備用。

tips：粉體反潮後再下鍋，麵皮才不容易脫落。

tips：要炸得酥脆，重點是起鍋前要大火提升鍋裡的油溫（約 180℃），逼出多餘的油。

3 鍋放少許油燒熱，依序爆香糖、蒜頭、醬油，立刻加入番茄醬和水，一同煮成醬汁。

tips：醬油在熱鍋中爆香，很容易焦黑發苦，所以番茄醬和水要緊接著下鍋。

4 小排放入醬汁拌勻，白醋（或柳橙汁）熗鍋。待收汁後盛盤。

tips：白醋很容易揮發，最後下鍋才能保留酸味。

5 乾鍋燒熱，放入白芝麻稍微烘烤一下，取出放小碟子，食用時沾取。

tips：芝麻氧化快，最好購買生芝麻，並要認明冰藏保存的店家，這樣的生芝麻比較沒有氧化疑慮。使用前現炒，吃多少炒多少，才不會吃到油耗味。

tips：芝麻直接灑在排骨上，一受潮就不香酥了。講究的人會分開沾取。

變化 2　豆豉蒸排骨

豆豉排骨在港式飲茶中很常見，小小的一碟讓人吃不過癮，不妨在家裡自己蒸上一盤，以豆豉的鹹香入味，讓排骨的口感更迷人。

○ **食材**：豬小排 600 公克、蒜末 1 茶匙、紅辣椒末半茶匙、太白粉適量、豆豉 2 茶匙（視豆豉的鹹度調整）。

○ **醬料**：二砂 1 茶匙、料酒少量、醬油 1 大匙、白胡椒適量。

① 豬小排完成前置準備，瀝乾水分，沾裹太白粉，放入大碗中。

② 起油鍋，爆香豆豉後撈起備用。

③ 起油鍋，依序爆香二砂、料酒、醬油，立即關火，加已爆香的豆豉翻炒均勻。

tips：二砂爆香後，油鍋溫度高，此時加醬油很容易焦黑，先噴少量料酒，可以快速降溫避免黑鍋。酒精揮發快，不至於把鍋溫降得過低，很適合拿來做為緩衝之用。這也是大廚的祕技！

④ 將 3. 淋在大碗中豬小排上，再加入蒜末、紅辣椒末拌勻。

⑤ 將碗放入電鍋中，外鍋加一杯水，蒸約 30 分鐘，熟透即可。

變化 3　肉骨茶

　　肉骨茶是來自馬來西亞的異國料理，由於新馬一帶流傳，後來各地都有在地化的口味，也使得肉骨茶的味道有不同的派別，如胡椒味較重的潮州口味、加了醬油調味的福建口味等。

○ **食材**：豬小排 600 公克、大蒜數瓣

○ **藥材**：當歸 20 公克、黨蔘 20 公克、玉竹 20 公克、枸杞 10 公克、甘草 10 公克、八角 10 公克（可至中藥店購買以上的藥材，也可以使用市售現成的肉骨茶包）

① 豬小排完成前置準備後，用流動的水沖洗乾淨。

② 藥材稍微沖洗後，在溫水中浸泡 10 分鐘，連同浸泡藥材的水置入 1500cc 冷水鍋中，加幾瓣大蒜，燒至沸騰。

tips：不可直接用滾水燉煮中藥材，就如同不可直接用酒精濃度高的烈酒浸泡藥酒，否則藥性不易溶出。

③ 豬小排入 2. 的滾水中，再煮至沸騰後，轉中火，燉煮約 0.5~1 小時，待肉骨軟爛即可起鍋。

燉中藥材不可用鐵鍋，以免會產生化學變化，金屬鍋中可以用不鏽鋼鍋，但還是用陶瓷鍋燉煮最美味。

變化 4 藥燉排骨

市售的藥燉排骨中放了許多種的中藥材，像是當歸，因此藥味濃郁，熟地使得湯汁深黑，而這道藥燉排骨則簡單清爽，當作食補可以增加體力與抵抗力，也不會有太濃郁的中藥味喔！

○ **食材**：排骨 600 公克、米酒適量。

○ **藥材**：黑棗 40 公克、黃耆 15 公克、花旗蔘 15 公克。

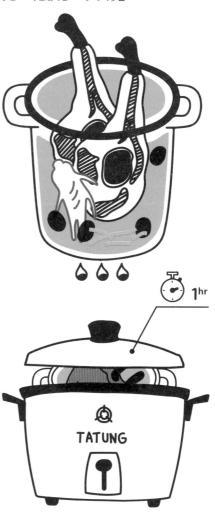

① 豬小排完成前置準備，沖淨。

② 藥材在溫水中泡 10 分鐘後撈起，置入 1500 cc 冷水鍋中，加米酒（分量視個人酒量而定）、洗淨的豬小排，燒至沸騰。

③ 移至大同電鍋燉煮比較方便。第一次燉煮，外鍋加 1 杯水，開關跳起後再燜 1 小時。

tips：燜 1 小時，做為熱浸時間，可以讓排骨肉吸飽湯汁，軟嫩不乾澀。

④ 第二次再加熱，外鍋加 1 杯水，開關跳起後即完成能量滿滿的藥燉排骨。

Homework　豬肉 2

家庭料理必備基本功

豬肉絲的應用

　　豬肉比照無骨肉的處理方法，泡 1% 鹽水保持鮮甜、去腥、解凍，然後切絲。五花肉絲口感比較軟，若要使瘦肉絲更滑口，可抓一點醬油、料酒，提高保汁性。做好前置處理，就不會失分。

梅納豬肉絲的作法

　　肉絲無論肥瘦，做梅納肉絲的要訣相同，但瘦肉絲最好做快速熟成，完成以下 3 個步驟，五花肉絲則不做快速熟成，在步驟 2 時就可以炒熟起鍋。做梅納肉絲時，肉量多效果好，300 公克以上的分量為宜。

1. 炒鍋放少許油和鹽，開大火，下肉絲。

   tips：放少許鹽巴可以防止黏鍋。

2. 不攪拌鍋裡的肉絲，待鍋中飄出香味，完成梅納反應後盛起半熟的肉絲。

   tips：攪拌也會造成肉絲出水，做不成梅納反應，煎不出肉香。

3. 等待數分鐘完成快速熟成，再將肉絲放入鍋中炒熟即可。

瘦肉絲和五花肉絲的烹調比較

		泡 1% 薄鹽水	醃漬醬油、料酒	大火煸香（梅納反應）	快速熟成
瘦肉		○	○	○	○
五花肉		○	△（可加可不加）	○	✕

應用　醬爆五花肉絲

甜麵醬是以小麥麵粉為原料的釀造麵醬，以甜為主，略帶鹹味，通常用於烹調醬爆和醬燒菜（如醬爆肉丁、醬爆雞丁）。醬爆肉絲可以配飯，也可以包在餅中食用。

○ **食材**：五花肉絲 400 公克、蔥 2 支。

○ **調味料**：醬油 1 大匙、米酒 1 大匙、甜麵醬 1 大匙、白胡椒粉適量。

① 豬肉絲完成前置準備。

② 蔥切段，將蔥白、蔥綠分開。

③ 起油鍋燒熱，放少許鹽，開大火，下肉絲，先不攪拌鍋裡的肉絲，待鍋中飄出香味，完成梅納反應，轉中火拌炒。

tips：放少許鹽可以防止黏鍋。

④ 放入蔥白爆香拌炒。

⑤ 依序加入甜麵醬、米酒、醬油爆香後，再撒少量胡椒粉，拌炒均勻。

tips：掌握正確下料順序，調味才不會少一味，也能避免焦鍋。

⑥ 蔥綠下鍋拌炒一下，即可起鍋。

甜麵醬在油鍋炒久一點才好吃，但要用小火，並且不停拌炒，以免產生焦苦味。

Homework 豬肉 3

令人垂涎三尺

豬五花的料理變化

變化 1 蒜泥白肉

整條五花肉煮熟再切,可不是切片後煮熟,而且蒜泥白肉不加多餘調味和重重燒製的工序,所以食材的鮮度格外重要。五花肉如果不夠新鮮,或是冰凍太久容易 WOF,都不宜用來做蒜泥白肉。

○ **食材**:新鮮帶皮五花肉一條(約600 公克)、蒜數瓣。

① 豬五花浸泡 1% 鹽水約半小時。

② 燒一鍋滾水,五花肉入滾水,小火煮 30 分鐘。

③ 肉熟透以後撈起,立刻過冷水5 秒鐘撈起,使肉表面收縮變Q 彈,切成薄片擺盤。

   tips:蒜泥白肉並非冷盤,肉要吃熱的,過冷水只是要讓肉的表面快速收縮,製造彈牙的口感。

④ 大蒜磨泥,連同鹽撒在溫熱五花肉片上,即可享用。

30min

1%

100℃ 30m

5sec

變化 2　回鍋肉

回鍋肉所謂「回鍋」，就是把白肉再燒一遍的意思。這道菜被視為川、湘、滇菜之首，口味獨特，色澤紅亮，肥而不膩。

有些餐廳為求省事，直接以新鮮豬肉炒熟，取代「水煮冰鎮後的 Q 彈五花肉再回鍋」，因此少了道地回鍋肉的彈牙口感。而講究的餐廳，將高麗菜洗淨晾乾後，燒一鍋滾燙熱油，淋在菜葉上做熱油殺青，高麗菜口感清脆香甜。

○ **食材**：新鮮帶皮五花肉一條（約 600 公克）、豆乾 3 片、蒜苗 2 根、高麗菜 1/4 顆、辣椒 2 條。

○ **調味料**：辣豆瓣醬 1 大匙、糖和醬油各 1 大匙、米酒 1 大匙。

1 五花肉比照前一道「蒜泥白肉」步驟 1 ～ 3，切 0.5 公分厚片備用。

　tips：如果是用冰箱冰存超過兩天的熟五花肉片，重新加熱易生 WOF，必須以高溫油鍋大火爆炒。

2 豆乾先以滾水燙 5 分鐘，去除豆腥味，放涼後，抖刀斜切成表面起伏的片狀，在高溫油鍋中爆香，完成梅納反應。

　tips：抖刀斜切製造不平滑切面，除了一展刀工，也是利用不平滑切片有更多表面積，能沾附較多醬汁。

3 辣豆瓣醬爆香，再依序加入糖、料酒、醬油爆香。

4 加高麗菜爆炒，起鍋前放肉片、蒜苗、辣椒拌炒，即可起鍋。

有沒有發現回鍋肉放辣豆瓣醬，醬爆肉用甜麵醬，用不同的醬料做出不同的滋味，各有千秋。

客家獨有的梅乾菜，發酵後散發特殊酸香味，和肥腴的豬五花一同燉煮，去油解膩的鹹香滋味，是客家菜裡的經典。

○ **食材**：梅乾菜 150 公克、帶皮豬五花一條 300 公克、蔥、薑、辣椒適量。

○ **調味料**：紹興酒 1 大匙、醬油 1 大匙、冰糖 1 茶匙。

① 梅乾菜泡水約 20 分鐘去鹽，有的梅乾菜會攤在地上曝曬，須洗去砂粒，切成小段備用。

② 辣椒洗淨，蔥切段，薑切片。

③ 整條五花肉浸泡於 1% 薄鹽水 30 分鐘去腥，完成前置處理後擦乾，切成 3 公分厚的肉塊。

④ 起油鍋收熱後，以大火煸肉塊，完成梅納反應取出。

⑤ 鍋內留少許油，放一點冰糖，以中火慢慢加熱，待部分冰糖產生焦糖香，放入五花肉塊拌炒上色，完成焦糖反應。

tips：用冰糖上色，菜色會更亮麗。

⑥ 熗紹興酒降鍋溫，再爆香醬油，完成梅納反應。

tips：完成焦糖反應的油鍋溫度很高，這時直接爆香醬油，醬油很容易焦黑發苦，如果先加一點料酒降溫，可以減少醬油燒焦的風險。

⑦ 加蔥白、大蒜一一爆香，翻炒均勻，使醬香和紹興酒香充分滲入肉中，放入梅乾菜，再拌炒一下。

⑧ 將所有材料放入燉鍋中，加清水至蓋過料。

⑨ 沸騰後轉小火，燉煮約一小時，過程中適時翻動鍋料。

⑩ 待收汁即完成。

養顏美容膠質滿滿

香 Q 滷豬腳

豬腳富含蛋白質、脂肪、碳水化合物，以及人體所需礦物質和維生素，體質虛弱的人適量攝取，有很好的補益效果。

將肥豬肉充分燉爛，小分子的營養有助於消化吸收，適合牙口不好、消化吸收功能比較差的年長者食用。吃多了淡而無味的清粥小菜，偶爾燉一鍋滷豬腳，給老人家打牙祭，解解饞，不僅老人家開心，充滿膠質的滷豬腳，也是女性養顏美容聖品。

食材：豬腳 1200 公克、蒜數瓣、二砂、醬油、料酒適量

1　先豬腳置於 5% 鹽水中，浸泡 30 分鐘去血水。

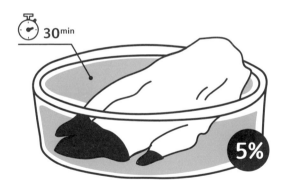

tips：豬腳體積大，皮又厚，泡 5% 鹽水增強滲透力，也有助於豬皮殺青。如血水多，應多換幾次鹽水，增加浸泡時間。

2　以大鍋裝水煮滾，將豬腳入滾水中再次殺青，待沸騰後，轉小火進行快速熟成。煮 10 分鐘後撈起，立刻浸泡在冷水中。

tips：泡冷水可以快速收縮豬腳外皮，燉起來口感更 Q 彈。

③ 油鍋燒熱,加少許糖於鍋中,小火煮至糖焦香,完成焦糖反應。

④ 加料酒熗鍋,再放醬油爆香,完成梅納反應。

tips:完成焦糖反應的油鍋溫度很高,這時直接爆香醬油,醬油很容易焦黑發苦,如果先加一點料酒降溫,可以減低醬油燒焦的風險。

tips:先加糖還是先加醬油?加錯順序就會少一味。紅燒肉、三杯雞也是同樣作法,要先加糖,再加醬油。

⑤ 把豬腳置於鍋中與調料拌勻後,裝到大碗中,加入大蒜和冷水,水蓋過豬腳,再移入電鍋中燉煮。

⑥ 外鍋用1杯水,開關跳起後,先燜1小時熱浸。

⑦ 第2次加熱,外鍋用1杯水,燉至開關跳起即可。

想要品嘗有嚼勁的豬皮,可以等豬腳降溫後,移入冰箱冷卻表面。利用低溫,使軟爛易消化的豬皮變得有嚼勁。用餐時切小塊,就可以同時品味外Q內嫩的豬腳。

喜歡吃花生口味的人,可以在豬腳入電鍋燉煮前,加新鮮花生米一同燉煮,就能做出香軟的滷花生。

Lesson 11.
雞肉多汁柔軟的
處理妙招

　　台灣市面上最常見的雞肉，可粗略分為「白肉雞」與「有色雞」。白肉雞渾身雪白色羽毛，是來自美國的品種，豐厚突出的大胸脯，能滿足喜愛雞胸肉的消費者，但是腿肉比較貧乏，飼養周期大約 5 星期，換肉率高達 1.8（吃 1.8 公斤飼料，可長出 1 公斤肉）。白肉雞肉質鬆散，風味平淡，料理上要靠調味取勝，可用來煎、炒、炸，但因為缺乏鮮味，並不適合熬湯。

白肉雞　　　　　　　　　　　　　　　有色雞

土雞成長緩慢，和白肉雞正好相反，土雞的腿肉發達，可是胸肉薄，肉味鮮甜有嚼勁，飼養周期大約 12 星期，以半年為佳，繼續養久了肉會過老。

台灣一般說的仿土雞和土雞，都統稱「有色雞」，用來和國外引進的白肉雞做區隔，是本土自行混種的食用雞。

雞肉的保鮮調理原則

雞肉腐敗的速度比豬肉和牛肉都快，必須更注重保鮮。從市場買回家以後，最好立刻下鍋，或是冷凍冰存。

和牛肉、豬肉的保鮮調理原則一樣，烹調無骨雞肉時，多半會做快速熟成，因此烹調前只要浸泡 1% 鹽水 30 分鐘，即可去血水、提升肉的保汁性。大塊雞胸肉則浸泡 3% 鹽水，增強鹽分的滲透力。

烹調帶骨肉不做快速熟成，因此烹調前宜浸泡 3% 薄鹽水 30 分鐘。

無骨雞肉和帶骨雞肉的保鮮調理比較

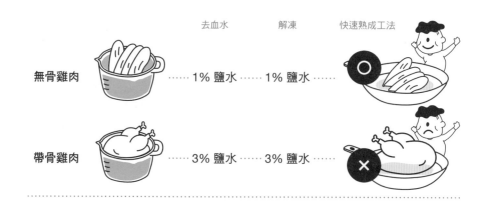

	去血水	解凍	快速熟成工法
無骨雞肉	1% 鹽水	1% 鹽水	
帶骨雞肉	3% 鹽水	3% 鹽水	

Homework　雞肉 1

吃了美味又美麗

低熱量可瘦身的雞肉料理

瘦身特選 1　鹽汁花拳繡腿

　　烹煮帶骨雞肉，一般都會用滾水汆燙去血水，但是滾水汆燙會造成肉的表面蛋白質遇熱瞬間收縮凝固，也把腥臭的血水、淋巴液鎖進肉裡，第一步就已經失分。而為了讓肉質軟嫩，很多人會利用燜煮法，把肉慢慢燜熟，如果是烹煮無骨肉，例如雞胸肉，燜煮的肉確實比較柔嫩多汁，但是帶骨的腿肉血水多，無論是用快速熟成工法分段加熱，或是慢慢燜熟，都容易產生腥味。現在用下面的方法避開這兩大地雷，簡簡單單烹煮出鮮甜多汁的原味雞腿，湯汁冷卻後，就是晶瑩的膠凍，除了當高湯使用外，也可以取出膠凍加一點辣椒醬油，拌在熱飯裡，味道鮮美無比。

○　**食材**：雞腿 10 支、鹽適量。

①　雞腿在濃度 3% 的鹽水中浸泡解凍 30 分鐘，釋出骨肉裡的血水與淋巴液，過程中適度更換鹽水。

　　tips：這一步驟可完全取代傳統用滾水汆燙帶骨肉。

②　煮一鍋滾水，將雞腿一支一支慢慢放入滾燙的水中。

　　tips：一次一支慢慢下雞腿，以確保滾水維持沸騰。若一次全下鍋，水溫驟降成了燜雞腿，很可能燜出 WOF。

③　轉小火，但仍維持鍋中的水沸騰，20 分鐘後熄火，進行熱浸。

④　開飯前，再次加熱沸騰，即可享用美味多汁的雞腿了！

別懷疑，你也可以在家完成紹興醉雞這道江浙名菜，多做幾次上手了，還可以端出去秀廚藝，親友都稱讚你「高段喔」！

○ **食材**：雞腿 2 大支切塊、鹽適量。

○ **浸泡藥材**：紹興酒 150cc、枸杞 20 公克、當歸 5 公克、紅棗 12 顆。

① 雞腿塊浸泡 3% 鹽水 30 分鐘去血水，洗淨。

② 煮一小鍋滾水，將雞腿塊放入滾水中（水量要蓋過雞肉），轉小火，保持小火沸騰至雞肉熟透。撈起，立即泡冰水大約 1 分鐘，使雞皮快速收縮，變得滑嫩 Q 彈，備用。

③ 在放溫的雞湯裡加入中藥材，熬煮 20 分鐘左右，倒入紹興酒。

tips：中藥材不宜直接入滾水煮，否則香氣和藥性都不易萃取。

④ 將雞腿泡在放涼的中藥雞湯裡，整鍋移入冰箱，浸泡一夜充分入味，第二天即可享用。

醉雞滑腴彈牙的外皮是一大美味，宜選用生長期較長的仿土雞，雞隻養到夠大，雞皮厚韌，做醉雞更可口。注意當歸分量不要太多，不然會有苦味。

瘦身特選 3　鮮嫩多汁水煮雞胸肉

雞胸肉是減肥餐的要角，但是雞胸的脂肪比其他部位少，烹調時水分流失，就容易變得乾澀難以下嚥。為了解救廣大減重族的胃口，在此公開鮮嫩多汁水煮雞胸的要訣。

① 雞胸肉泡 3% 鹽水約 30 分鐘。

② 準備一個鍋子，將處理好的雞胸肉放入，加冷水至蓋過肌肉。開火，加熱至雞胸肉塊中心溫度達到 50℃ 左右（相當於冬天淋浴稍燙的水溫）。

③ 關火，燜 30 分鐘左右進行快速熟成。

④ 重新加熱至肉塊熟透，完成軟嫩多汁的水煮雞胸肉。

⑤ 將雞胸肉熱浸，泡在湯汁裡慢慢降溫，用餐前再取出享用。

tips：雞胸肉離開湯汁接觸空氣會變柴，所以用餐前才從湯水裡取出即可。

第一次加熱至雞胸肉塊的中心溫度約 50℃ 左右，關爐火進行快速熟成。
（此時鍋水的溫度大約是 60℃ 左右）

待 30 分鐘後完成快速熟成，進行第二次加熱，煮至熟透即關火，進行熱浸。

家常菜的祕訣在這兒

雞肉的必修料理

必修料理 1　宮保雞丁

　　麻、辣、香、脆的宮保雞丁，是川菜中的代表之一，以滑嫩雞丁和香脆花生為主要材料，輔以香炒乾辣椒和花椒粒。傳統作法在熱騰騰的雞丁起鍋前，撒上香酥的花生米一同拌炒，花生米瞬間吸飽水氣，入口失去脆勁，嚼起來濕軟走味，真讓人為花生米叫屈。請注意本食譜的最後一道步驟，魔鬼就藏在細節裡！

○ **食材**：去皮雞胸肉 300 公克、花椒粒半茶匙、乾辣椒剪開去籽半茶匙、香酥花生米、蔥花、蒜片（適量）。

○ **調味料**：醬油 1 大匙、料酒 1 小匙、白醋 1 小匙、糖 1 大匙。

○ **醃料**：蛋白、醬油、酒。

① 雞胸肉浸泡 1% 薄鹽水 30 分鐘，撈起瀝乾，切丁，浸泡醃料。

② 熱油鍋，雞丁翻炒至肉色變白，立即盛起，加蓋保溫等待 10~20 分鐘進行快速熟成。

③ 油鍋燒熱，放入花椒粒、乾辣椒爆香，再加入蒜片，小火拌炒至散發微焦香氣，完成梅納反應，盛起備用。

tips：台灣氣候潮濕，吸飽水氣的花椒粒，在油鍋裡不易萃取出有效的香味成分，最好在乾鍋中小火乾炒後，才下油鍋烹調。

tips：乾辣椒容易炒焦黑，一發現苗頭不對就要立刻起鍋。

④ 鍋中再補油，雞丁回鍋，炒至表面微焦黃，完成梅納反應。

⑤ 依序加入糖爆香，米酒和白醋調勻後熗鍋，最後加醬油爆香。

tips：這道菜要的不是醋酸味，而是醋和米酒調勻以後，高溫熗鍋燒出來的酯香味。

⑥ 倒入已炒香的花椒粒、乾辣椒、蒜片，拌炒均勻。

⑦ 撒上蔥花，即可起鍋。

⑧ 食用時，另備一盤酥脆花生米，一口雞丁，一口花生米，講究的大餐廳也不過如此排場呀！

這道菜吃的是麻和辣，可別把它燒成糖醋口味！醋和酒要一起攪拌均勻以後熗鍋，分別熗鍋就做錯了喔！

據聞，美國有顧客吃到花椒後嘴巴發麻，引起爭議，當地華人開設的著名中餐館「從善如流」，將宮保雞丁這道菜改為不用花椒的左宗棠雞。

三道雞肉經典名菜的用料比較

	部位		辣椒	花椒	花生
宮保雞丁	雞胸		○	○	○
左宗棠雞	雞腿		○	×	×
文天祥雞 （三杯雞）	全雞		○	×	×

必修料理 2　麻油雞

冷天中一碗麻油雞溫暖去濕，配上麵線更能管飽，如果冬天裡容易手腳冰冷的人，一定要學會自己煮麻油雞，由於用料簡單，只要注意幾個細節，就能做出香氣四溢，肉質軟嫩的麻油雞。

食材：雞腿兩隻（切大塊）、老薑、冷壓黑芝麻油、米酒適量

① 雞腿肉泡 3% 薄鹽水 30 分鐘去血水後洗淨。

② 老薑切片。

③ 起油鍋，倒入冷壓黑芝麻油燒熱，放入薑片煸香，再放入雞腿塊煎香。

④ 倒入米酒，煮到酒精揮發後，加適量水，大火煮至沸騰後轉小火，煮熟即可享用。

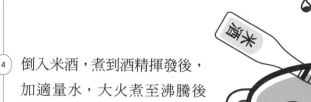

麻油雞嘗起來會苦，有人說不能加鹽，有人說不能加米酒，你說呢？我們不但泡了鹽水，還加了酒，麻油雞湯卻濃郁甘甜，重點在於：要選用未過度梅納（炒過火）的黑芝麻所榨的冷壓芝麻油！

Lesson 12.
讓海鮮保持鮮美的
料理方式

　　淡水魚的鮮味成分是 1%，海水魚的鮮味成分是 3 ～ 5%，鮮味成分越高，嘗起來越鮮美，所以海水魚的身價高於淡水魚；而台灣東海岸的深海魚，又比西海岸的淺海魚鮮味成分高，價格也更好。

　　海鮮在生鮮處理或解凍時，應浸泡與其鮮味成分比例相當的薄鹽水，淡水魚泡濃度 1% 的鹽水，海水魚泡濃度 3 ～ 5% 鹽水，利用等滲透壓原理，減少細胞組織裡的鮮味成分流失，又可以去除血水，強化肉質，增加組織的保汁性。

淡水魚

浸泡 1% 薄鹽水。

海水魚

鮮味成分 3~5%，浸泡 3% 的薄鹽水。

河蜆（蜊仔）是特例，雖然產自淡水，可是鮮味成分高達 3%，所以味道特別鮮美。

生鮮水產的保鮮處理

從市場買回家的魚，刮鱗、去鰓、去內臟、去魚肚裡的「腹膜髒層」。洗淨後，可選用以下的任一方法保鮮處理，比起未處理便直接冰藏或冷凍的保鮮效果更佳。

方法 1.

將魚體擦乾後抹薄鹽（以粗鹽為佳），用塑膠袋密封，當天要吃的部分放冷藏，其餘冷凍。

方法 2.

海水魚泡 3% 鹽水、淡水魚泡 1% 鹽水，約 30 分鐘後去血水，以塑膠袋密封，當天要吃的部分放冷藏，其餘冷凍。

方法 3.

承方法 2，像旗魚這類纖維比較粗硬的魚肉，一整塊泡 3% 鹽水後瀝乾，切丁，沾薄地瓜粉或麵粉，待粉體反潮後，油炸成魚肉塊，方便保存。

鹽漬或泡鹽水前，可以在魚體上劃斜刀，增加接觸鹽水的表面積。

高級西餐廳會將魚排肉先噴烈酒殺青，擦乾後再抹粗鹽做鹽漬，原理和肉類的鹽漬處理一樣，都是用來增加肉質的保汁性，吃起來更鮮嫩多汁。

淡水魚因為水質的緣故，容易有「口臭」，煮清湯或清蒸，會聞到異味，如果先幫牠們刷刷牙，可以解決問題，油炸的話就無妨。但其實無論清蒸或油炸，魚在下鍋前，都應該先將魚體內外刷洗乾淨。

　　整體而言，水產的 WOF 不若禽畜類嚴重，原因之一是海鮮的血水比較少；原因之二，是大家普遍有海產要趁鮮吃的觀念；原因之三，是拜拜使用的魚幾乎都經過大火油炸，可以減少 WOF。

　　不過，像鮪魚、鯖魚這類富含 Omega-3 脂肪酸的魚，仍然要特別留意去血水的保鮮處理。

　　螃蟹腐敗的速度比蝦快，最好當天現買現吃，否則應大火水煮後冷凍。雖然風味不如生鮮現吃，但至少可以保持肉質 Q 彈。

腹膜髒層 ･･････････････････････････････････
也叫內膜髒層，存在於魚腹壁和內臟之間，主要成分是含有色素的脂肪，用來吸收撞擊力，以保護內臟，並分泌黏液，潤濕臟器表面，減輕臟器間的摩擦。黑色是來自本身的色素，並非汙染，但是營養價值不高，也容易殘留脂溶性汙染物，有的會帶有苦味或土腥味。

處理不當，海鮮變海棉

某次在餐廳點了一道海鮮粥，蝦肉吃起來糊軟。我向老闆抗議，他連忙從廚房冷凍庫拿出一袋冷凍活蝦，強調自己用料一點也不馬虎。我推斷「海鮮變海棉」，有可能是冷凍度不足，加上生蝦肉拿進拿出，反覆退冰，冰凍期又過久所造成。

如果是陸生的禽、畜肉類，酵素在 -18℃就會失去大部分活性，但是生鮮水產的酵素，在低溫下仍然能夠繼續作用，而且海鮮的組織裡含有大量容易氧化的不飽和脂肪酸，所以即使冷凍，保鮮期也不如禽、畜肉類。

這位老闆其實可以考慮先將生鮮活蝦煮熟後快速冷凍，延長保存時間，避免海鮮肉質糊爛，成了凍豆腐般的海綿狀。

以鮪魚生魚片為例，業者的專業設備是以 -60℃急速冷凍，冰晶小，能快速鎖住鮮味成分，所以解凍後味道仍然甘甜。但是我們買回家，冰在 -18℃的家用冰箱冷凍庫，不足以抑制鮪魚肉裡的酵素活性，所以保鮮期大幅縮短，所以解凍後的風味也不盡理想。

Homework 海鮮

海產的鮮滋味上桌

海產必修海鮮料理

必修料理 1 香煎魚

看似再簡單不過的煎魚，卻是很多廚房主婦的惡夢，皮開肉綻、焦黑破碎，狀況不一而足。有沒有聰明的科學方法，可以保證煎魚不失手呢？

不要擔心，以下任一方法，都能幫助你完成金黃焦香的漂亮煎魚。

方法 1 使用不沾鍋。

方法 2 洗淨的乾鍋，開火熱鍋，在熱鍋面塗抹老薑，讓老薑纖維黏附在鍋面上，然後才放油，這樣就可以防止魚皮黏鍋。

方法 3 熱油鍋，放一點鹽，可以防止魚皮黏鍋。

方法 4 擦乾魚體表面水分後，抹薄鹽再下鍋。

方法 5 擦乾魚體表面水分後，沾薄麵粉或地瓜粉，待粉體反潮後再下鍋。

煎魚要熱鍋熱油，不能勤翻面。魚皮會黏鍋是因為水氣多，必須等到貼著鍋底的魚肉充分收汁，在梅納反應下煎成金黃色以後才翻面。

日本有句俗諺說，「要讓公子烤魚，乞丐烤麻糬」。養尊處優的公子，下廚也是慢條斯理，讓他來烤魚，火候正好，但是烤麻糬就容易焦；乞丐生活困頓，個性難免急躁，沉不住氣的人會不停翻動食材，烤麻糬剛剛好，但是要他烤魚的話，勤翻動會把魚翻爛，而且久烤不透。現在，你知道該怎樣把魚煎得漂亮了嗎？

必修料理 2　蚵仔煎

　　國民美食蚵仔煎，吃得是蚵仔的入口鮮香滑嫩，與外層粉漿的酥脆焦香。鮮蚵不耐久煮，所以先浸泡 60℃ 的 3% 溫鹽水，利用快速熟成提高鮮蚵的保汁性，幫鮮蚵維持肥美，減少加熱後縮水變硬。

- **食材**：蚵仔 200 公克、雞蛋 2 顆、小白菜 80 公克。

- **粉漿料**：地瓜粉 6 大匙、水 180cc、鹽巴 1/2 小匙。

- **淋醬料**：甜辣醬 3 大匙、番茄醬 3 大匙、砂糖 1 小匙、地瓜粉 2 大匙、水 120cc。

1. 鮮蚵浸泡 60℃ 的 3% 溫鹽水，預先做快速熟成。

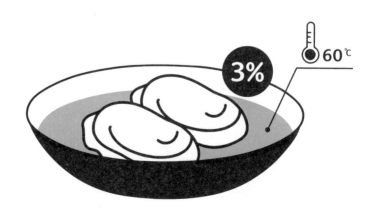

2. 淋醬材料攪拌均勻後，小火拌煮至沸騰即可，備用。

3. 粉漿料攪拌均勻，備用。

4. 雞蛋打成蛋液，加少許鹽，備用。

5. 平底鍋熱油，依序倒入一半的蛋汁和全部粉漿。

6. 在粉漿上鋪切段的小白菜、鮮蚵。

7. 貼著鍋底的一面，在梅納反應下酥脆焦香以後，再倒入剩下的蛋汁，翻面。

8. 煎至兩面金黃焦香就起鍋，淋上醬汁即可享用。

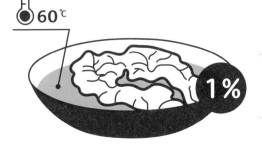

60℃

1%

滷豬大腸或燉小腸、燉豬肚、白水煮肉等，都可以透過浸泡 60℃ 溫鹽水做快速熟成，減少肉質收縮、提高保汁性。

　　還記得〈真實情境申論題〉裡的廚師毀了大明蝦的故事嗎？趕緊現學現賣，別毀了自己手上的大明蝦！

○ **食材**：大明蝦半斤、蔥絲、薑絲、蒜末、香菜適量

○ **調味料**：糖、鹽、醋、番茄醬適量

① 大明蝦充分解凍，以滾水迅速煮熟，用冰水迅速冷卻，使蝦肉立刻收縮，肉質 Q 彈。

tips：大明蝦要一隻一隻下鍋，見鍋水停止沸騰，就不可再放蝦，務必保持鍋水維持在沸騰狀態，才有殺青效果。

② 擦乾大明蝦表面水氣。熱油鍋，大火爆香明蝦表面，完成梅納反應，起鍋備用。

③ 油鍋燒熱，爆炒蔥薑蒜，加糖、鹽、醋、番茄醬，煮至沸騰。起鍋，淋在大明蝦上，即完成蝦殼酥脆、蝦肉彈牙，又略帶鹹甜酸香味的生煎大蝦。

眉角在這裡！

不要被「生煎大蝦」的菜名給唬弄，老老實實用油鍋把生蝦煎到熟。因為煎鍋油溫不足，慢慢煎熟，蝦肉吃起來糊爛不鮮。應該先用滾水大火殺青，確保蝦肉 Q 彈，再下油鍋煎到蝦殼酥脆，這才是美味大明蝦該有的口感。

　　做糖醋魚要趁熱，魚一起油鍋，立刻趁熱下糖醋醬料。吃糖醋魚也要趁熱，冷掉以後，醋味蓋不住魚腥，就不可口了。一般做糖醋魚都用草魚或鯛魚等，土腥味較重的魚，所以得先用醬料醃漬去腥。但即使多了醃漬手續，效果仍不理想，因此，在此使用鱸魚，不醃漬直接炸。

○ **食材**：鱸魚一條（約 400 公克）、紅甜椒 1/4 顆、黃甜椒 1/4 顆、洋蔥 1/4 顆、黑木耳兩片、蒜末、薑末和香菜少許、地瓜粉適量。

○ **糖醋醬料**：糖 2 大匙、白醋 2 大匙、番茄醬 2 大匙、清水 4 大匙、薄芡水適量。

① 魚洗淨，先浸泡 3% 薄鹽水 30 分鐘。

tips：生魚浸泡薄鹽水，可用來去血水和腥味、解凍以及改善肉質。

② 紅甜椒、黃甜椒、洋蔥、黑木耳切絲，香菜切段，備用。

③ 魚身沾地瓜粉，待粉體反潮後，大火油炸至金黃香酥，撈起瀝油。

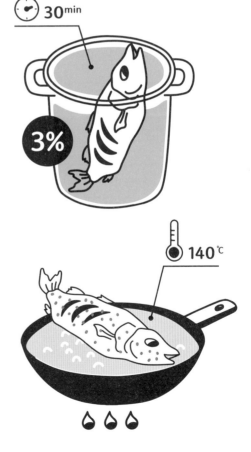

④ 起油鍋燒熱後，爆香洋蔥絲、薑末、蒜末，再放入甜椒絲、黑木耳絲翻炒熟透，起鍋備用。

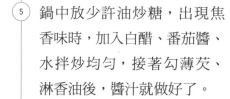

⑤ 鍋中放少許油炒糖，出現焦香味時，加入白醋、番茄醬、水拌炒均勻，接著勾薄芡、淋香油後，醬汁就做好了。

⑥ 將糖醋醬澆淋在炸好的鱸魚上，並將4的炒料鋪在魚身上，再撒上香菜提味，即可趁熱享用。

 逢年過節做這道菜，我都算準時間，等魚攤炸好的魚（整條魚或魚塊皆可）一起鍋，立刻帶回家，三兩下炒完糖醋醬料，熱騰騰上桌。如果拿隔餐或隔夜的魚來做，魚肉乾硬，腥味濃厚，那就嚴重失分了！

必修料理 5　香酥胡椒蟹

挑蟹以大隻肥美為佳，但是體積大，加熱不易熟透，一般家用瓦斯爐火力不足，加熱速度慢了，殺青不成，淪為快速熟成，蟹肉變得糊爛。有鑑於這樣做失敗率高，因此建議將螃蟹大卸多塊，先經過大火油炸殺青處理後，再和調味料、辛香料等爆炒，就可以享用香辣夠勁、肉質鮮美 Q 彈的胡椒蟹。

○ **食材**：螃蟹 3 隻、蒜約 10 瓣、麵粉適量。

○ **調味料**：白胡椒粉與黑胡椒粉各 1 大匙、細鹽 2 茶匙。

① 螃蟹用鬃刷洗淨汙泥，從背部把殼扳開，清除內臟、蟹鰓，修剪蟹腳的尖刺，蟹身剁成四大塊備用。

② 將蟹塊裹上薄麵粉，待粉體反潮後，大火油炸，撈起瀝油。

③ 蒜末用小火煎至金黃，加蟹塊、調味料拌炒均勻即可。

 可以用刀輕敲蟹殼，敲出些微裂縫，好讓蟹鉗、蟹肉更入味。
注意，別使勁敲碎蟹殼，碎屑容易刺傷嘴。

蔬菜豆類&
米麵類的
美味料理科學

大魚大肉，也要蔬菜來搭配，蔬果種類豐富，口味和色彩繽紛，提供餐桌色香味的多變選擇。調理蔬菜首重殺青工法，盡可能保留食材的亮麗色彩、爽脆口感、清甜滋味與營養成分。再適度搭配梅納、焦糖等工法，變化調味層次，讓看似清淡的蔬食，也可以吃得滿口生香。

至於三餐不可少的主食：米和麵，本書絕對讓你大開眼界，知道燒飯、煮麵竟然都是百玩不厭的美味科學！！

4

Chapter

食材應用篇 part 2

Lesson 13.
讓蔬菜 & 豆類
色香味俱全

蔬菜的美味調理要訣，前面各章節已經穿插了許多提示與祕訣，在這篇章中將技法做一個總整理。

炒蔬菜多數講究殺青，除了熱油爆炒殺青，還可以預先在熱油中下少許鹽，達到雙重殺青功效。

雙重殺青的步驟：

step ❶	step ❷	step ❸	step ❹
熱油	下少許鹽巴	爆炒青菜	起鍋前再加足鹽巴

除了炒菜外，也可以用水燙青菜，燙青菜的水要多，而且鍋水應大火沸騰，在水中加少許鹽，加強殺青作用。不耐煮的葉菜，只要一變色就立即撈起，過冷水。拌入適量的梅納醬油，煮菜不必放肉絲，也可以吃得有滋有味。

在健康風潮襲捲下，生食蔬菜蔚為時尚，但「蟲蟲危機」也伺機而動。喜歡食用泡菜等生食的韓國人，習慣定期服用驅蟲藥，即可見蟲卵隨生菜下肚的風險。生吃蔬菜，還會吃下植物本身用來「驅蟲」的生物鹼（alkaloid，嘗起來往往有苦澀味），可能引發身體不適反應。不過生物鹼通常不耐熱，遇熱容易分解或遭破壞，因此只要煮熟，就會失去威脅性。細菌、病毒、寄生蟲、蟲卵以及天然毒素，都讓生食蔬菜充滿風險，至少以滾水汆燙再食用，會比較安全。

Homework　蔬菜 1

輕鬆簡單就上手

高纖低卡的瘦身蔬菜料理

瘦身特選 1　醋溜土豆絲

中國大陸都叫馬鈴薯是「土豆」，這道醋溜土豆絲是北方常見的家常菜，吃的是馬鈴薯的爽脆口感，酸香帶辣，十分開胃下飯。而且有像是筍絲般的爽脆口感，這樣的抗性澱粉耐消化，可以延緩血糖上升，有瘦身功效。

但是要炒得夠味、夠爽脆，有幾個獨家「眉角」一定要掌握！

這真的是馬鈴薯嗎？
吃起來比較像筍絲耶！

食材：馬鈴薯、蔥絲、蒜末、紅辣椒絲、鹽、白醋各適量

1. 馬鈴薯去皮，用刀切成約 0.2 公分細絲。

   tips：不要用刨刀刨，否則薯絲的澱粉結晶被破壞，薯絲會變軟爛。

2. 將薯絲浸泡於清水中，泡掉可溶性澱粉。下鍋前稍微沖水後，確實瀝乾水分。

3. 起油鍋大火燒熱，放入蔥段、蒜末、辣椒絲爆香。

4. 馬鈴薯絲下鍋，加鹽和醋快速拌炒殺青，約 30 秒即可起鍋。

眉角在這裡！

⊙馬鈴薯不要用刨刀刨，一定要用刀切。刨刀會造成有弧度的切口，破壞薯絲的澱粉結晶。用刀切的切口直，薯絲吃起來才會爽脆。

⊙調味料的香辣味要充分用熱油爆香。

⊙大火拌炒薯絲，只要薯絲一脫生（稍見透明），即可起鍋。

▮▮　如何識別馬鈴薯是否可以吃　▮▮

要選購沒長芽眼、沒有綠皮的馬鈴薯才安全。長芽眼的馬鈴薯有龍葵鹼，最好不要吃。曬太多陽光的馬鈴薯，表皮變綠，也會產生龍葵鹼。馬鈴薯要避光保存，講究的超市或攤商，會用黑色塑膠布為馬鈴薯遮光。

米穀類、豆類的種子均可催芽後食用，因為種子為了供給胚芽養分，會把儲存的熱量轉換成小分子蛋白質，更有利於人體利用。綠豆富含蛋白質和食物纖維，是健胃整腸的健康食材，綠豆萌芽後營養價值更高，也更容易為人體消化吸收，而且吃起來風味絕佳。

綠豆快速催芽作法

1. 生綠豆 200 公克洗淨，倒入鍋中，浸泡多量溫水（50℃左右）。

2. 以保鮮膜密封鍋面，放置溫暖處保溫，靜置 4~6 小時。

   tips：50℃左右的環境，正好激發豆粒的生命力，促使其快速萌芽。

3. 濾掉鍋裡的水，把保鮮膜封回去，上面戳些小孔透氣，靜置一晚。

4. 第二天即可見到綠豆吐出小芽點，一夜之間孵化為生命力勃發的萌芽綠豆。

萌芽綠豆炒肉絲作法

○ **材料**：肉絲 100 公克、萌芽綠豆 200 公克、鹽、醬油適量

① 肉絲抓少許醬油，大火炒兩三下，半熟即盛起，備用。

   tips：肉絲做快速熟成，肉質更軟嫩可口。

② 萌芽綠豆下油鍋爆炒脫生，再加入肉絲炒至熟透，加鹽調味即可。

瘦身特選 3　　衝菜

　　初冬歲末，芥菜盛產，正是做衝菜的好時節。芥菜的種類多，不同品種、部位的芥菜，無論蒸、煮、炒，都能變化不同風味，用鹽醃漬發酵，還可以做成酸菜、福菜、梅乾菜。趁著芥菜嫩芽開花之際製作衝菜，類似山葵（wasabi）的味道夠嗆、夠衝，是很特殊的一道開胃菜。

 衝菜要做得好，一是容器要乾淨，沒有水分；二是動作要快，菜一起鍋，立刻封進容器中，拴緊瓶蓋，在瓶子裡鎖進最多的衝味。

食材：帶花芥菜嫩心約 300 公克（可全株使用，無花亦可，但以帶花的上半段嫩心製作，成功率更高）。

作法 A 炒鍋版

① 芥菜心洗淨、陰乾，切成 3 ～ 5 公分小段。

② 炒菜鍋乾鍋加熱，不放油。

③ 鍋熱後，大火快速翻炒芥菜，務必讓菜均勻受熱。

④ 炒至約 5 分熟。

tips：一旦加熱超過 65℃，芥菜的酵素活性完全遭到破壞，便無法釋放衝味。

⑤ 立刻裝入玻璃瓶內，旋緊瓶蓋。

⑥ 放置約 4 小時，待涼了以後衝味即出。

⑦ 衝菜鎖在瓶中，可冷藏保存數天。每次取出食用的分量，切丁，加肉絲大火爆炒，就是一道爽口的家常菜。

作法 B 微波爐版

① 帶花芥菜心洗淨、陰乾，切成 3 ～ 5 公分小段。

② 將乾燥芥菜段塞入大瓶口耐熱玻璃罐（瓶蓋也必須是耐熱材質）。

③ 放入微波爐，以 750W 火力第一次加熱 40 秒，換位置，第二次加熱 20 秒，換位置，多次重複「加熱 10 秒再換位置」的步驟，直到瓶內的芥菜溫度達到 60℃左右。

tips：一旦加熱超過 65℃，芥菜酵素活性完全遭到破壞，便無法釋放衝味。

④ 封緊瓶蓋。放置約 4 小時，待涼了以後衝味即出。

▋▋ 為何芥菜會有衝味 ▋▋

動物遭遇危機，會分泌腎上腺素幫助自己拔腿逃命，或釋放臭氣（如臭鼬）、噴毒針（如水母）、使出烏賊戰術（如章魚），植物遭遇危機卻動彈不得，只得釋放刺激物質嚇阻外敵。用芥菜做衝菜，就是利用熱氣，刻意製造芥菜的「危機意識」，激發芥菜釋放芥末氣味。有人就喜好這一味，不衝不愛。

此外，雪裡紅（蕻）也是異曲同工，用當令的小芥菜，透過抓揉鹽巴，激發小芥菜的「怒氣」，醞釀數天後，就成為風味獨特的雪裡紅。喜歡雪裡紅氣味的人，可以切碎做成包子或蒸餃，慢慢加熱蒸煮，衝味越蒸越濃。至於不喜歡雪裡紅特殊氣味的人，用大火爆炒，就可以去除氣味。

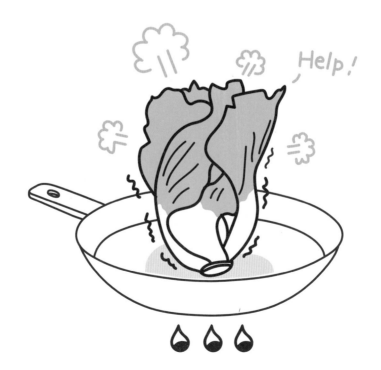

瘦身特選 4 韭菜花炒豆干．韭菜花炒肉絲

同樣都是韭菜花，搭配兩種不同特性的食材，也有不同的烹調要領。

韭菜花炒肉絲必須分開處理才行。韭菜花要熱鍋熱油，大火爆炒殺青，如果殺青不到位，炒透了以後軟爛出水變黃，沒炒透則生味未脫，粗硬不好吃。但是肉絲必須做兩段式快速熟成，才會軟嫩多汁。

至於韭菜花炒豆干，豆干要好吃，必須熱鍋熱油，大火煸香，做足梅納反應，這和炒韭菜花的條件一致，因此可以同步處理。

韭菜花炒肉絲

○ **食材**：韭菜花、豬肉絲、醬油、鹽適量

① 肉絲抓少許醬油，大火爆炒兩三下，半熟即盛起，備用。

tips：肉絲先做快速熟成，肉質更軟嫩可口。

② 熱鍋熱油，韭菜花大火爆炒至半熟，加入肉絲炒至熟透，放鹽巴調味即可。

tips：油量夠多，火力夠強，韭菜花才能夠快速且徹底殺青。

韭菜花炒豆干

○ **食材**：韭菜花、豆干，鹽適量

① 豆乾汆燙滾水，去掉生豆味，切條狀備用。

② 油鍋燒熱，大火煸豆乾至焦香。

③ 韭菜花放入鍋中，大火殺青，加鹽調味，炒至熟透即可起鍋。

有些主婦習慣在起鍋前，倒入一點水把菜煮軟。但是一加水，鍋溫就降到100℃以下，除非喜歡吃軟爛的口感，否則不建議這樣做。想要炒出色澤亮麗、口感清脆的蔬菜，必須靠高油溫殺青。

瘦身特選 5　芋梗濃湯

連著小芋頭的芋梗，是傳統市場的季節限定好料。煮湯後，本身釋出的澱粉有勾芡效果，入喉滑順，是一道美味的懷舊鄉土料理。但是芋梗和芋頭都有較強的生物鹼，沒充分煮透的話，可是會「咬嘴」的。

○　**食材**：芋梗連小芋頭 1 支、乾香菇 2 朵、薑絲少許、蒜末少許、醬油 1 小匙、泡香菇水 1 碗。

①　芋梗去纖維皮，切段；小芋頭削皮，切大塊。

　　tips：處理過程中戴手套，避免直接接觸芋梗和小芋頭，以免皮膚發癢。

②　乾香菇泡水後，切絲備用。泡香菇水留待做為高湯。

③　起油鍋燒熱，大火油炸芋梗和芋頭塊 2 ～ 3 分鐘。

　　tips：大火殺青，可以去除生物鹼的毒性。

④　瀝去鍋裡多餘的油，加入薑絲、蒜末、乾香菇絲爆香。

⑤　醬油熗鍋，倒入泡香菇水、1 碗清水，大火煮滾。

⑥　煮滾後轉小火，燜煮至湯收汁變濃稠即可。視個人口味喜好，可在起鍋前加一點醋、白胡椒提味。

　　tips：如果省略油炸步驟，則務必烹煮至少 20 分鐘左右，至芋梗熟透軟化，以破壞生物鹼。如果芋梗口感清脆，表示尚未煮透，入口後可能會刺激喉嚨發癢！

▎▎ 四季豆沒炒熟，引發的食物中毒 ▎▎

植物都含有生物鹼，有幾種蔬菜裡的生物鹼特別強，料理時要充分殺青，以免受生物鹼之害。芋梗之外，從越南引進的綠色金針花品種，如果未煮熟，也可能引起發熱、便血、尿血等症狀。而最常見也最為人忽略的，就是四季豆。烹調這類生物鹼特別強的食材，一定要大火殺青、充分且均勻煮透，完全破壞生物鹼的毒性。

一年四季都可以吃到的豆子，所以稱四季豆。四季豆目前是中國大陸中毒率最高的蔬菜，台灣也發生零星的中毒案例，甚至有阿兵哥吃餐廳大鍋菜集體中毒。

四季豆未煮熟，豆中的皂甙和血球凝集素，會令人出現噁心、嘔吐、腹痛、腹瀉等胃腸炎症狀，還可能伴有頭痛、頭暈、出冷汗、四肢麻木、胃燒灼、心慌和背痛等神經症狀。有些餐廳為了省事，用高溫油鍋快速爆炒殺青，表面上看似炒熟，其實尚未熟透。

四季豆下鍋前，要摘掉兩頭和兩側纖維，這些部位粗硬且毒素多。炒四季豆時，可先加少許鹽，加強殺青，顏色也比較鮮。油炒後，加適量的水，確實燜透，確定吃起來沒有豆腥味，才能確保安全。

做乾煸四季豆，用大火熱油把四季豆煸到香酥，不只能去掉豆腥味，也兼顧了破壞生物鹼的安全性，看似簡單的家常菜，其中大有學問。同樣道理，油炸芋梗也可以收到美味、安全雙重功效。

茄子殺青的方法一次告訴你

如何保持茄子的鮮豔色澤

　　茄子紫色的表皮具有強力抗氧化作用，加熱很容易氧化變色。要讓茄子表皮不變色，加熱速度得快過它的氧化速度，方法是高溫油炸，完成殺青。所有的茄子料理，都可以預先完成熱油殺青的前置作業，再按照口味喜好變化菜色。

燒一鍋熱油，整條茄子用金屬漏勺按入油鍋數秒做殺青，撈起濾油，備用。

油炸茄子的注意事項

① 整條茄子下油鍋，速度快又不吸油，如果切了再下鍋，茄肉吸飽油，吃起來油膩膩。

② 茄子油炸前請確實擦乾水分，避免起油爆。油炸時，要確保整條茄子都泡在油中，如果露出油面，會炸成「黑白郎君」——沒入油裡的鮮紫亮麗，露出油面的氧化發黑。

③ 先將茄子冷凍變硬後再下鍋，減輕油爆威力，且油炸凍茄子的內部溫度低，能延緩茄肉氧化褐變。但是冰凍的茄子會降低油溫，所以一鍋熱油不能同時炸太多凍茄子，以保持油鍋溫度夠高。

應用　魚香茄子

　　沒有魚的魚香茄子，以料理四川豆瓣魚的方式烹調而得名。肉末、高湯、豆瓣醬用來增鮮，花椒的香麻畫龍點睛，展現川菜麻辣濃醇的特色。

食材：茄子、絞肉、蒜末、薑末、蔥、高湯（骨頭湯或肉湯）、花椒粉、豆瓣醬、太白粉

1. 茄子熱油殺青，備用。

2. 乾鍋中加少量鹽，放入絞肉拌炒，再加豆瓣醬炒香。

   tips：碎絞肉易黏鍋，加少量鹽可使絞肉變硬，不易黏鍋，即使黏鍋也容易鏟起。

   tips：用油鍋炒絞肉也無妨，但是完成的菜嘗起來比較油膩。

   tips：鍋裡有水就無法製造梅納反應，豆瓣醬炒不香，所以要把絞肉的水氣炒乾，才炒豆瓣醬。若絞肉出水太多，應另起一鍋，專炒豆瓣醬。或是在無水的鍋邊爆香豆瓣醬。

3. 依序加少許薑末、蒜末、花椒粉爆香做梅納反應。

   tips：薑末耐炒，蒜末容易焦，應先炒薑末再下蒜末。

4. 加入高湯繼續熬煮成醬汁。

5. 炸好的茄子切塊，放入鍋中醬汁煮軟，加少許高湯，勾薄芡，收汁。

6. 關火後，撒上蔥花，滴數滴鍋邊醋，再次撒些許花椒粉。

　　魚香茄子要做得香，訣竅是每一樣佐料都得經過梅納反應，豆瓣醬當然也要充分爆香，而切記若鍋中有水是無法在鍋中間產生梅納反應的。

Lesson 14.
煮米飯也需要
科學方法

　　快速淘洗、足夠的浸泡時間、加檸檬汁或醋、滴少許油……十八般武藝全用上，煮米飯卻始終像在簽樂透，有時飯太硬，有時又太爛，有時米芯甚至沒煮透……這是因為條件變數太多，舉凡換了不同廠牌的米、新米或舊米、天熱或天冷，都可能影響成品的結果。所以在掀開飯鍋前，永遠得懸著一顆心：猜猜看，今天這鍋飯會好吃嗎？

　　從今天起，煮飯不必再碰運氣，也不用買名貴的米、昂貴的鍋，廚藝科學要教你善用殺青與快速熟成工法，以平價的米和家家戶戶必備的電鍋，煮出高級米的質感，這才是科學做菜的王道！！

　　利用廚藝科學煮出來的白米飯，飯粒外 Q 內嫩有嚼勁，體積更為飽滿，同樣飯量卻更耐飢，所以吃了也比較不會變胖。

　　還有，炒飯的不敗要訣也在此一併公開，得此祕笈，炒飯高手非你莫屬！

Homework　白米飯 1

用科學煮出美味米飯

瘦身白米飯這樣煮

　　科學煮飯的重點是煮飯前，加等量滾水，先做米粒表面殺青，殺青的好處有以下三點：

▲ 保留更多米香，同時減少表面氧化發黃，就能煮出白淨的米飯。

▲ 米粒表面經過殺青，酵素失去活性，保留飯粒 Q 度，而且質地較扎實不鬆散，所以耐儲存，不易糊爛，用於燴飯、炒飯特別好吃。

▲ 殺青後能夠克服許多條件變數，煮出來的米飯品質穩定，大幅降低失敗率。

作法

① 以 3 杯米為例。快速淘洗。

tips：這裡的「杯」都是指量米杯。

② 加入等量的 3 杯滾水，攪拌 10 秒，讓米粒均勻受熱，完成米粒表面殺青。

tips：舊米的澱粉老化，內鍋水量可加到 4 杯左右，煮出來的飯才不會太乾硬。

③ 外鍋 1 杯水（電子鍋不加水），即可按下炊煮開關，立刻煮飯。

選用適當大小的內鍋，煮出來的米飯才會好吃。水面高出米粒表面大約 1 公分，即為適當比例。一般有刻度的專用內鍋都經過正確設計，符合標準。如果自己隨意拿個碗公，或是肚小口大等奇形怪狀的容器，除非你段數夠高，否則誰也不能保證會煮出什麼樣的飯。

狀況題 1

10℃寒流來襲，室溫驟降，瘦身米飯怎麼煮？

答案是要多煮幾杯米。因為當鍋是冰冷的，米也是冰冷的，如果米量太少（例如一杯米），即使加了等量滾水，內鍋水溫也達不到 65℃，殺青不成，全都變快速熟成，會把米粒燜糊。強烈建議米量應至少維持 3 杯，才不會失敗。

狀況題 2.

米急著下鍋，家中又沒有現成的熱開水，
瘦身米飯怎麼煮？

答案是拿到瓦斯爐上煮，內鍋全都用冷水，拿到瓦斯爐上大火煮，煮到鍋面有些微蒸氣冒出，完成殺青步驟，再移到電鍋裡繼續煮熟即可。

只需把握米粒表面快速殺青（超過 65℃）的要領，就可以隨外界氣溫變化或現場條件，靈活運用與調整。

▉▉ 電鍋中不鏽鋼內鍋的玄機 ▉▉

不知你有沒有發現，自從把鋁製電鍋內鍋換成不鏽鋼製內鍋以後，米飯煮起來比較糊爛不好吃。阿嬤以前用大同電鍋和鋁製內鍋煮飯，也沒這種問題，怎麼鍋具升級以後，燒飯反而不可口呢？

這和不鏽鋼的導熱特性有關。金屬的導熱速度，如果以純銅鍋為100 的話，純鋁鍋就是 57，純鐵鍋是 20，純不鏽鋼鍋只有 4，所以不鏽鋼鍋導熱非常慢，前面蓄熱時間長，但是一旦蓄足熱度以後，溫度就會直線上升，所以用厚重的純不鏽鋼鍋做菜（比方說煎荷包蛋），熱鍋的時間比人家長，但是只要鍋一熱，溫度就會以沖天之勢飆升。倘若「誤判形勢」，以為鍋反正不熱，離開片刻再回來，爆發力十足的不鏽鋼鍋也許已經熱過頭了。

不鏽鋼的導熱特性，使它做為燒飯的內鍋時，因為鍋熱得慢，米燜浸時間長，所以快速熟成時間過久，比較容易糊。

▉▉ 為鋁鍋沉冤翻案 ▉▉

數十年前，科學家從阿茲海默症病患的腦內檢測出比正常人濃度高出數十倍的鋁離子，鋁金屬從此成為老年失智症的嫌疑犯，大家紛紛淘汰家中的鋁鍋，台灣許多家庭也將大同電鍋的內鍋和鍋蓋都換成比較昂貴的不銹鋼材質。然而，鋁金屬在無酸的條件下其實非常安定，純粹用來煮飯是安全的。

比較危險的是拿鋁製炒菜鍋來燒酸菜、燒糖醋，用鋁製飯盒盛裝酸性食物，或是用鋁箔紙盛裝魚或肉燒烤時，加檸檬汁調味，都不排除有溶出鋁離子的疑慮。

事實上，攝入過量鋁離子會造成阿茲海默症的說法，至今仍未被採信。牛津大學神經病理學院三位教授的聯合研究報告，已更正這一說法。這項研究對八十位老年失智症患者的腦組織進行切片檢查，證實病患腦中並未存留鋁元素。以往認定鋁元素與老年失智症有關，是因為傳統製作腦組織切片的染色過程中，會使用到含有鋁元素的藥劑，所以檢出了鋁。但是牛津大學教授所使用的核子電鏡，不須經過染色步驟，即可進行分析切片。何況血液中的鋁離子並無法通過腦血屏障到達大腦，所以這一說法被認為是誤會一場。

Homework　白米飯 2

廚房
實習課

千變萬化的炒飯從米飯調料入門

炒飯基本功

從米飯製作、佐料處理、調味料的使用技巧，一次說明其中科學的原理，才知道簡單的炒飯裡學問大。

炒飯的米飯準備

炒飯對於米飯的選擇標準很高，有的米飯成團炒不開，炒久了糊爛、黏鍋，只好不停往鍋中倒油，試圖將黏鍋的飯粒扒開，炒飯變得軟爛油膩。難道是米飯的溫度不對？該用冷飯還是熱飯炒呢？

事實上，成敗的關鍵在於米飯的含水量，以及米飯是否粒粒乾爽鬆散開來！

米老化（Rice retrogradation）

煮熟的米飯於冰箱冷藏約兩天後，米粒因結晶化而變硬且粒粒分離，稱為米老化。

通常冷飯下熱油鍋炒，只要一兩分鐘左右就能起鍋，用熱飯來炒時間更短。所以問題不在米飯的溫度，而是米飯的含水量，含水不能多，含水量高則飯粒糊爛，也不能少，含水量少則飯粒碎裂。

米飯要符合哪些標準

要製作炒飯的米飯，有兩種方式，各有不同的條件。

若使用當天現煮的米飯

以 3 杯米：2 ～ 2.5 杯水的比例，外鍋一杯水，煮出十分乾硬的米飯，趁熱用飯匙挑鬆。

tips：使用現煮米飯做炒飯，內鍋水一定要減量，米芯熟透以後，趁熱用飯匙將米飯挑鬆。

若使用冰箱 4℃冷藏的隔夜飯

隔夜飯的澱粉老化變硬，可以炒出粒粒分明的爽口滋味。但使用隔夜飯做炒飯，應符合以下條件：

1. 炒飯用的隔夜飯，收進冰箱前記得放在塑膠袋中密封，不讓米飯接觸空氣而脫水。

2. 下鍋前，將塑膠袋裡的隔夜飯輕輕搓開，讓飯粒一顆顆鬆散開來。如果米飯成團搓不開，就不適合用來做炒飯。

3. 炒飯用的隔夜飯，必須「老而彌堅」。「老」是米老化而結晶變硬，可不是脫水的「老瘺瘺」。「老瘺瘺」的脫水飯粒會碎裂，不能做炒飯。

4. 炒飯用的隔夜飯，在米粒的澱粉充分老化而成為顆顆分明的鬆散狀態前，不可放冷凍庫，否則米飯會黏成團分不開，無法做炒飯。

⊙不是所有的隔夜飯都能做炒飯，人家是有條件的！

⊙米飯對了，怎麼炒都好吃，所以準備工作絕不能馬虎！

⊙少了搓開飯粒的動作，後面即使再多炒五分鐘，也不易把飯粒炒開。

炒飯的調味料

炒飯的基本調味料包含蔥、鹽、醬油，要如何讓他們各司其職，有良好的發揮呢？請看以下的教戰守則。

▲ 蔥白一定要先熱油爆炒產生焦香，蔥綠等到最後起鍋前下，利用殺青保留鮮綠色。

▲ 加鹽可以讓米飯口感更扎實，鹽沒有上色的問題，所以炒飯顏色乾淨漂亮。

▲ 喜歡濃厚焦香味的人，可以加一點醬油提味，但是加多了，會讓炒飯染上醬色，看起來不夠鮮。

起鍋前下

先炒蔥白

醬油與熗鍋的溫度大有關係。如果油鍋正熱，可加在鍋的中央爆香。假使油鍋中央的溫度因為炒飯的水氣而降低，醬油最好熗鍋邊。也可以另外做一鍋爆香醬油，起鍋前加幾滴增添風味，就不怕把鍋熗得黏呼焦黑，事後得費力刷鍋。

還記得阿嬤的古早味爆香醬油怎麼做嗎？
（請見 P.59〈味自慢小教室 2〉）

炒飯的佐料

炒飯基本款多半加蛋，要更有飽足感則加上肉絲，配角要如何畫龍點睛，讓整盤炒飯升級？以下介紹肉絲與蛋的料理技巧。

肉絲處理技巧

瘦肉絲要用少許醬油或鹽稍微抓幾下，提升保汁性，下鍋時還要做兩段式快速熟成，肉質才會軟嫩多汁。肉絲夠多的話（300公克以上），可用大火煸香做梅納肉絲。（請見 P.96〈豬肉絲的應用〉）

蛋的三種作法

蛋打成蛋汁，加一點鹽拌勻。加了鹽的蛋白質保汁性高，炒起來口感比較蓬鬆，也不易黏鍋。以下三種作法，可以根據自己的喜好選擇其中任一種。

作法 1.

蛋汁先入熱油鍋炒到焦香，起鍋備用，最後再拌進炒飯中。

tips：蛋要炒到焦香，訣竅是蛋汁應緩緩倒入鍋中。如果一口氣全下鍋，油溫降低，蛋就不夠酥脆焦香了。

作法 2.

米飯與蛋汁先在碗裡拌勻，讓蛋汁包裹飯粒，再下熱油鍋炒，成為黃金蛋炒飯。

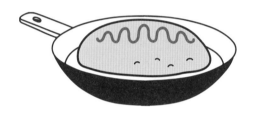

作法 3.

把蛋汁煎成一整片金黃色蛋皮，鋪在炒飯上，成為蛋包飯。

偷偷教你，蛋黃的大小會影響風味，雞蛋的蛋黃比較小（約全蛋的三分之一），鴨蛋的蛋黃比較大（約全蛋的二分之一），所以用鴨蛋炒飯更香濃喔。或者，用雞蛋炒飯時，額外多加一顆蛋黃，讓你的炒飯風味就是不一樣！

偷吃步

用雞蛋炒飯時，額外多加一顆雞蛋黃，炒飯超美味！

鴨蛋炒飯勝出！

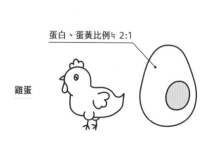

蛋白、蛋黃比例≒2:1

雞蛋

蛋白、蛋黃比例≒1:1

鴨蛋

舉一反三，你也是炒飯專家

炒飯「飯例」試身手

飯例 1 鹹魚雞粒炒飯

　　港式飲茶餐廳幾乎少不了鹹魚雞粒炒飯這傳統的道地港式美味。偏好濃濃臭鹹魚味的人，可以慢慢炒熱，醞釀出更多鹹魚味；喜歡焦香味的人，就要改用大火爆炒鹹魚。

○ **食材**：硬米飯 4 碗、雞蛋 3 顆、鹹魚半條、雞胸肉 200 公克、高麗菜 4 片、嫩薑末 1 匙、蒜末 3 瓣、鹽適量。

① 雞胸肉泡 3% 鹽水約 30 分鐘，擦乾，均勻醃薄鹽 30 分鐘左右。

② 雞肉切成小丁狀，下油鍋拌炒兩三下即起鍋，進行快速熟成。

tips：經過鹽漬與快速熟成的雞丁，比較軟嫩多汁。

③ 蛋汁入熱油鍋炒到焦香，起鍋備用。

tips：蛋汁應緩緩倒入鍋中。如果一口氣全下鍋，油溫降低，蛋就不夠酥脆焦香了。

④ 嫩薑末、蒜末爆香，鹹魚肉切成小丁狀，入油鍋爆炒。

tips：喜歡臭鹹魚味的人，用中火慢炒即可。

⑤ 雞丁、蛋汁、瀝乾水分的高麗菜絲一起以大火炒熟。

⑥ 硬米飯搓開成一粒粒，加入鍋中，大火炒透，加鹽調味後，即可起鍋。

飯例 2 揚州炒飯

自從揚州炒飯入選聯合國「全球 300 種米飯食譜」以後，揚州的官方機構就在 2005 年登記註冊「揚州炒飯」商標版權，對用料和用量都有詳細且嚴格規定，品項多達二十一種。此舉引發香港粵菜廚師們抗議，並且和揚州的「官方版」切割。

在家親自下廚應該當作是一項行之久遠的「健康事業」來經營，如果不能化繁為簡，從簡單的料理中得到樂趣及成就感，那家庭廚房即將面臨關門大吉的窘境。所以在此介紹簡易式的家常改良版給大家，用料雖然精簡，但是品質卻不馬虎，讓我們一一檢視這三種用料吧！

蝦仁

蝦仁熟透以後，肉色應呈現自然的不透明，如果煮熟後蝦肉透明，就表示已浸泡過藥水。

叉燒

務必購買店家當天用生肉現烤的叉燒，而不是昨天的剩料，今天重新送進爐子裡再烤一次的「回鍋肉」。萬一叉燒並非當天現做，則必須先切小塊，用高溫熱油爆炒，減少 WOF。

酥蛋絲

蛋液加少許鹽，增加保汁性，倒入高溫熱油中燒製酥蛋絲（可用多雙筷子同時快速攪拌熱油中的蛋汁，即可完成）。

只要有鮮蝦、叉燒、酥蛋絲，配上青蔥末，加上我們含水量剛剛好的硬米飯，就可以炒出越吃越涮嘴的揚州炒飯了。

食材：硬米飯2碗、雞蛋2顆、蝦仁100克，叉燒適量、青豆少許，青蔥一支。

調味料：米酒、鹽、太白粉、胡椒粉適量。

1. 蔥切成細蔥花，叉燒切丁、青豆先以熱水燙熟瀝乾。

2. 蛋打成蛋汁備用。

3. 蝦仁去沙腸洗淨後，切成丁，以酒、少許鹽、太白粉稍微抓過。

4. 起油鍋，油熱後先將蝦仁放入過油，變色後取出。

5. 鍋內再放適量的油燒熱，緩緩倒入蛋汁，蛋香味出來時，加入蔥花繼續拌炒。等蔥花香氣出來後，放入米飯、叉燒、蝦仁、青豆炒勻。

6. 加入鹽、胡椒粉調味，即可起鍋裝盤。

雖然揚州炒飯推出官方標準版，裡面的用料講究，種類豐富，除雞蛋外，還包括海參、雞腿肉、火腿、干貝、蝦仁、花菇、鮮竹筍、青豆、蝦籽等，烹調技術上也有一定要求，來呈現米飯粒粒分明透亮，外觀紅綠黃白橙的和諧，使色香味俱全，規定非常嚴格。但家常的揚州炒飯只要把握住色香味，尤其要有紅黃綠的色澤即可，火腿可以用叉燒替代，胡蘿蔔或玉米粒也是顏色豐富的配料，看自己喜好調配就可。

Lesson 15.
製作經典麵食要注意的訣竅

　　麵條種類雖族繁不及備載，但烹調上均重視麵條本身的口感，所以切忌煮得糊爛。為了不讓麵條在湯水中過早糊化，又可以吃出麵條獨有的特色，人們利用各種物理和化學原理，發展出巧妙的製麵工藝。只要把握幾大類麵條的特性和烹調要領，就可以隨個人口味喜好，簡單變化出豐富的麵點。

糊化（Gelatinization）原理

澱粉糊化又稱為澱粉 α–化，是指澱粉在水中加熱至 60℃至 80℃時，澱粉粒破壞而形成半透明的膠體溶液，隨著澱粉糊化程度增加，透明度也會變高。糊化後的澱粉，由於多醣分子吸水膨脹以及氫鍵斷裂，變軟失去嚼勁，易於消化。

應力作用（Stressed）

物體由於外因（受力、濕度、溫度變化等）而變形時，物體內部會產生相互作用的內力，以抵抗這種外因的作用，並嘗試使物體從變形後的位置恢復到原本位置。

市面上常可看到以下幾大類型的麵條：

油麵、撈麵等不易糊化的麵條

晶透的鹼粽呈現金黃色，這就是鹼與澱粉反應後的顏色。若鹼水加多了，麵條也會呈現黃色，油麵就是鹼水麵，撈麵則是鹼水很濃的鹼水麵。加鹼水的麵條比較不易糊化，加蛋黃、加太白粉揉製麵條，也有類似作用。有些市售麵條會添加磷酸鹽，增加保水性，用意也是要讓麵條比較耐煮不糊爛。

拉麵、刀削麵等有嚼勁的麵條

麵團用手拽成長條狀的拉麵，這是利用物理學上的**應力作用**，使麵條更有嚼勁。用鋁片將麵團削扯成片狀的刀削麵，或是用手揪扯成一片片的麵疙瘩，還是現揉現切現捲的貓耳朵，同樣都是應力的應用。應力會隨著時間消失，所以刀削麵、麵疙瘩和貓耳朵都必須現揉現做現煮。生拉麵放久了彈性也會變差，最好立刻下滾水煮。

陽春麵

一般麵條在揉製時都會加鹽，強化麵粉的筋性，也讓麵條延展性更好。但是陽春麵揉製時不加鹽巴，麵條比較柔軟好入味。

蘭州拉麵

用非常柔軟的麵團做成的拉麵，回黏很快，所以做好立刻下鍋。

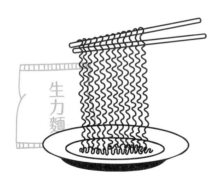

生力麵

分為兩種，一種是水煮後烤乾，一種是水煮後油炸，都可以用來炒麵。但是料理之前要先水煮，否則麵條太乾炒不軟。

⊙生麵條要撒太白粉，減少麵條回黏，不可撒麵粉，以免麵條易黏得一塌糊塗。

⊙將生麵條泡冷水 5 ～ 10 分鐘，溶掉一部分可溶性澱粉，可以讓麵條吃起來更 Q 彈。

方便隨興的麵食

經典麵食自己動手做

麵疙瘩、大滷麵、燴鍋麵都是家常麵點，用家裡現有的食材，隨機變化即可。因為湯料不拘，因此同樣的食材，可以同時適用這三種麵點，差別只在麵體的種類不同，還有麵體和湯料是否分鍋處理而已，做熟練了之後，就可以巧妙運用各種麵食的搭配。

經典 1 麵疙瘩

北方人家把麵粉加水揉成麵團，揪成一片片入滾水中煮熟，就成了麵疙瘩。麵疙瘩省去將麵團揉製成麵條的工序，更方便隨性，而且吃起來有扎實有嚼勁，也比較沒有麵條容易糊化的問題。

麵疙瘩的製作分為麵體與湯料，其中麵體又可以分為麵團與麵糊兩種不同的作法，大家可以視需求採用。

Q 彈有嚼勁的麵團作法

材料：麵水比 2：1（如麵粉 100 公克：水 50 公克）、鹽少許

1 中筋麵粉加 1% 鹽，溫水和成麵團後，稍加搓揉，甩一甩增加 Q 彈勁道。

tips：加鹽可以增強麵筋的延展性，麵粉和鹽要混合均勻。

tips：水要慢慢加，一邊揉麵團，一邊加水。

麵水比例＝2：1

SALT

2 麵團用微濕的布巾覆蓋，待 5 ～ 10 分鐘的「醒麵」過程，麵團會更軟 Q。

tips：醒麵的用意是讓麵粉和水的融合更充分而均勻。如果為了讓粉水均勻而使勁揉麵團，揉出了麵粉筋度，做出來的麵條比較死硬，而經過醒麵的粉水融合，做出來的麵條比較柔軟。

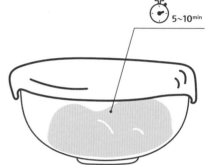

5~10min

3 煮一大鍋滾水，手沾濕，使點勁揪麵團，揪起一片立刻下滾水煮，邊揪邊煮。

tips：麵疙瘩的嚼勁，一部分來自揪扯的瞬間所產生的應力，要趁應力未消失前趕緊煮熟定形，別等所有麵團揪完以後才一次下鍋。

4 煮熟即撈起備用。

口感柔軟的麵糊作法

○ 材料：麵水比 1：1（如麵粉 100 公克：水 100 公克）、鹽少許

麵水比例＝1：1

1 中筋麵粉加 1% 鹽巴，用溫水均勻和成濃稠的麵糊。

2 煮一大鍋滾水，慢慢攪動鍋水出現渦流，將麵糊繞著鍋邊，順鍋水渦流倒下。

3 不攪動鍋水，待麵糊煮至熟透即撈起。

麵疙瘩的湯料作法

○ 食材：五花肉 300 公克切絲、蝦皮小半碗、青 3 根切蔥末、乾香菇 5 朵切絲、高麗菜 100 公克切絲、紅蘿蔔絲 30 公克、木耳 5 朵切絲、雞蛋 3 顆、油蔥酥小半碗。

○ 調味料：烏醋兩大匙、香油、胡椒粉、薄芡水適量。

1 豬肉抓少許醬油，下油鍋，大火煸至半熟，起鍋備用（做快速熟成）。

2 油鍋爆香蔥白，放入蝦皮、香菇絲、高麗菜絲、紅蘿蔔絲、木耳絲、半熟的肉絲等。

tips：新鮮蝦皮可不洗，要吃蝦皮的香味就大火爆香，要吃蝦皮的鮮味就慢慢加熱。蝦皮買回家以後放冷凍，可以延長保鮮。

3 將高湯倒入 2. 的湯料中，湯水沸騰後轉小火，煮至食材熟透。

4 加入芡水拌勻。

tips：勾芡時不要開大火，一邊加芡水，一邊攪動鍋水，粉比較不容易結塊。

5 打勻的蛋汁加少許鹽，慢慢淋入勾芡的湯料中，不去攪動，等蛋汁凝固，即可吃到有口感的片狀蛋花。

tips：蛋汁加鹽可增加保汁性，使蛋片更軟嫩。

6 起鍋前加烏醋、油蔥酥、香油、胡椒粉，即完成湯料。

7 上桌前，將湯料與麵體在湯碗中混合即可。

以本地太白粉（樹薯粉，Cassava）芶芡，放置或攪拌後易失去黏稠，芡汁變稀；用日本太白粉或荷蘭太白粉（馬鈴薯粉，Potato）芶芡，黏稠性持久，也比較不因攪拌而變水。

經典 2 大滷麵

大滷麵是北方湯麵代表，正確說法應該是「打滷麵」。山東人「滷」的意思即為湯料。「打」為山東人的口語，「打滷」就是勾芡。鍋中放入各種食材，熬煮成重口味的湯料，要吃之前，另起一鍋滾水煮麵，把麵撈到碗裡加湯料，就成了有湯有料的大滷麵。

經典 3 熗鍋麵

熗鍋麵是小鍋現煮現吃，先把湯料在鍋中炒熟（熗鍋），然後加入高湯再下麵，煮熟後連湯帶麵直接盛入碗中享用。鍋中的湯也是煮麵水，所以有增稠的勾芡效果。

麵疙瘩、大滷麵、熗鍋麵的比較

	麵體	湯料	勾芡	烹調
麵疙瘩	現做的片狀麵體或不規則狀麵體	不拘	不拘	湯料與麵體分鍋完成 湯料先做好，麵體起鍋盡快開動，可減少麵體糊化。
大滷麵	不拘	不拘	要勾芡	湯料與麵體分鍋完成 湯料先做好，麵體起鍋盡快開動，可減少麵體糊化。
熗鍋麵	不拘	不拘	不拘	湯料與麵體一鍋完成 要吃嫩、吃鮮的湯料，應該留待麵條快煮熟之前才下鍋。例如蛋花、蔥綠。

廚房中的SOS

5

Chapter

食安救急篇

廚房中除了製作料理外，也會衍伸許多問題，菜買多了要冷藏冷凍，煮多了吃不完也要保存，由於保存的方式不對，輕者復熱後味道不佳，重者產生細菌造成食物中毒，形成「廚房慘案」，那就真的得喊 SOS 救命了。來看看要怎樣才能避免危險，做好食物安全保存。

Lesson 16.

放冰箱的剩菜，
直接熱好難吃，
怎麼辦？

　　家中冰箱冷藏的剩菜，復熱後常常一塌糊塗；拜拜後的雞鴨魚肉，過兩天再拿出來熱，全家皺著眉頭、捏著鼻子，吃得好痛苦。

　　重複加熱過的肉，常有難聞的 WOF，主婦容易誤以為是吸附了冰箱的異味，用力擦擦洗洗，還是白忙一場。

　　難聞的 WOF 來自加熱後食材的細胞膜破裂，細胞裡的血紅素滲出，血紅素含有大量鐵質，鐵是強催化劑，會加速食材氧化，放置後形成難聞異味。而肉裡的脂肪氧化後也會產生油耗味，加上接觸空氣數天後，氧化得更厲害。

　　當不利的三項條件具備，就讓隔夜熟肉產生 WOF。

　　WOF 的特性，是在緩慢加熱過程中放大，加熱越慢，臭味放大的倍數越多。所以隔夜肉要吃得美味，一定得掌握最基本的大原則：不加熱則罷，要加熱就得快狠準，高溫爆炒起鍋。

剩菜通常如何處理

　　隔夜肉要再食用，一般為了掩蓋 WOF，會把肉切塊，用重口味醬料去炒。但是加了醬料的油鍋溫度不夠高，WOF 經過放大以後，臭味欲

蓋彌彰。因此，有什麼方法可以去除臭味保持鮮美呢？這裡以擺放在冰箱的隔夜雞肉為例，來說明如何該處理這些剩菜。

方法一

將雞肉撕成雞絲做涼拌，WOF 就停留在原來的程度，不好不壞。

方法二

撕成雞絲以後，大火熱油爆炒，或是以微波爐高溫復熱，WOF放大一些，還是在可以品嘗的範圍內。

但是高溫復熱只能少量為之，否則分量一多，油鍋熱度或微波熱度上不去，最終還是變成慢速加熱，出現難聞 WOF。

方法三

起鍋時就做好處理。

如果明知道一餐吃不完，那就預先把雞肉分好，熱騰騰一起鍋，立刻將預留的部分用耐熱塑膠袋打包封死，不讓雞肉接觸空氣。高溫會讓封死的塑膠袋滅菌，即使放在室溫下兩天也不會腐敗（前提是肉一定要保證全熟，而且維持在滅菌狀態）。

這樣放進冰箱冷藏，可以保鮮更久，減少 WOF 產生。拜拜用的肉也可以如法炮製，就不怕「祖先吃過的雞鴨魚肉有味道」了。

用塑膠袋封死，這樣拜沒誠意啦。

放心，沒開過的罐頭都能拜了。包一層塑膠袋讓食物更安全衛生，祖先還會稱讚你很用心呢！

Lesson 17.
冷凍食品不新鮮！
要怎麼辦？

在菜市場買了新鮮魚漿現做的魚丸，全家吃得眉開眼笑。吃了半斤還剩半斤，冰進冷凍庫，半個月後想起，拿出來退冰，今晚就吃魚丸湯啦！

本來以為魚丸湯最簡單，誰不會！把冷凍庫的魚丸拿到室溫下解凍，等熱水燒開，魚丸直接下鍋，這不就成了！且慢，你確定要這樣煮？

冷凍食品也會不新鮮

生食材放冰庫冷凍雖然可以延緩氧化速度，但是凍久了，冷凍產生的冰晶會刺破細胞膜，再拿出來煮，照樣產生 WOF。如果又放在室溫下解凍，讓食材大量接觸空氣，還會加速氧化。

至於已經煮熟的食材，例如魚丸，冷凍時間久了，仍會有 WOF。煮魚丸湯的溫度，最高不過就是滾水的 100℃，加熱速度慢而且溫度低，WOF 被一關關放大，就會煮成 WOF 爆表的怪味臭魚丸。

如何讓冷凍食品保持鮮味

以魚丸為例，可以進行以下的步驟，讓魚丸湯仍然鮮美。

步驟一：

解凍用鹽水，為降低解凍過程的氧化速度，可以把冷凍魚丸直接浸泡在濃度百分之一的鹽水中。

步驟二：

退冰的魚丸切小丁，熱油鍋大火爆炒以後，再把魚丸丁下鍋煮成湯。

如此做的話，魚丸的鮮味還在，又多了爆炒後的梅納香，撒一點蔥末（或是芹菜末、香菜末、韭菜末），家人應該都會說「媽媽的魚丸湯最讚了！」

或者在冷凍之前就做好保鮮，守在現做魚丸攤的大熱鍋前，魚丸從滾燙的鍋中一撈起，立刻請老闆用耐熱塑膠袋打包，把袋口綁得死緊，就可以延長魚丸的保鮮期。不過，錯失了起鍋時機，讓現做魚丸暴露在空氣中，這招就會失靈了。

Lesson 18.
熟食打包，
沒多久就酸臭，
怎麼辦？

全家計畫出遊踏青，賢慧的老婆一早興致勃勃的炒一鍋香噴噴的米粉，特地用電風扇吹涼，裝進保鮮盒密封，大夥兒就等著中午野餐，有炒米粉吃囉！

郊外風光明媚，走了一上午，飢腸轆轆，迫不及待打開保鮮盒，咦，味道不對，半天前才炒的米粉，竟然發酸了！

原來以為熱騰騰的炒米粉已經用電風扇吹涼，但其實吹涼的只是上面的米粉，壓在中間和下方的米粉還有 50 ～ 60℃，正是細菌最愛的溫度，密封在保鮮盒裡，降溫速度慢，又成了最佳的細菌培養皿。

熟食要如何打包

無論野餐或是帶飯盒，都要注意溫度以及盛裝的方式，例如剛起鍋的炒米粉，趁著熱氣蒸騰，立刻裝進耐熱塑膠袋封死，成為低氧低菌包裝，常溫下放兩天也不易發酸，食用時再撕開塑膠袋即可。

或者，將米粉稍微降溫後起鍋，再裝進塑膠袋，一路打開袋口散熱，雖然可能「順道」蒐集空氣中的落塵、雜菌，但是好過整鍋米粉成為細菌培養皿而酸臭。

放入冰箱也要處理才能久放

但別以為剩飯菜放進冰箱，就不會壞，若沒有處理好，同樣很快也會發臭變質。想要延長飯菜的保鮮壽命，可以這樣做：

方法一：

趁起鍋的滾燙高溫立刻封蓋打包，直接放冰箱，雖然耗電，但可以確保細菌不入侵。

方法二：

趁起鍋的滾燙高熱立刻封蓋打包，室溫下放涼後再送進冰箱，同樣可以確保細菌不入侵。但是，中途千萬別好奇打開來看，否則只要少量細菌掉進去，在加蓋打包散熱不易的狀況下，不涼不燙的 50 ～ 60℃，就成為細菌的樂園。

方法三：

承以上方法二，如果你真的太好奇打開來看，還有個補救辦法，就是暫時先放進冷凍庫，加快冷卻速度，等食物降到 4℃ 左右，再移到冷藏庫冰存。（記得設定計時器，提醒時間）

方法四：

萬不得已的情況下，索性一開始就不加蓋。不加蓋散熱比較快，完全放涼再送進冰箱。

發現了嗎？為什麼加蓋常會出問題呢？因為加蓋延長燜熱的時間，食物降溫不夠快，給了細菌繁殖的條件＊（10℃～60℃的環境）。把握「有菌燜了容易壞，無菌燜了不易壞」的大原則，加蓋前，必定要確保食物夠燙，足以殺死細菌。低菌的條件下，加蓋燜住也不易壞；否則，就要確保食物散熱夠快，不給細菌喜愛的繁殖溫度。必要時，先放冷凍庫快速降溫，再移到冷藏庫，也是變通之計。

如果要留著飯菜裝隔天的便當，請在飯菜起鍋的時候，就先預留起來，不要等大家飽餐一頓以後，才把盤裡的剩菜剩飯撈進飯盒，這樣會增加雜菌汙染的風險。

趁熱裝盒最安全！

大多數細菌最愛 10℃ ~60℃ 的環境，所以冰存在 4℃ 以下的冷藏庫，或保存在 65℃ 以上的環境，相對比較安全。

Lesson 19.
放冰箱的水果也會壞，
怎麼辦？

　　大家都聽說過「暗頭仔呷西瓜，半暝反症」，老祖先早有警告，天黑以後吃西瓜，當心半夜鬧肚子。吃西瓜出問題，除了西瓜性寒，也和保存不當有很大的關係。

　　2018 年 8 月 7 日的電視新聞報導，中國湖南一位七旬阿伯，吃了隔夜的冰西瓜以以後腹痛不已，送到醫院竟發現是急性出血壞死性小腸炎，切除七十公分小腸才保住性命，實在駭人聽聞。

　　許多人把冰箱當成「保險箱」，食物通通往裡面塞，以為在低溫環境下食物就不會壞。但只要「天時、地利、人禍」具備，但細菌在密閉的冷藏庫中也會鬧得天翻地覆。

　　例如抱一顆西瓜回到家，趕緊切塊裝入密封的保鮮盒，放進冷藏庫。快手快腳處理完畢，這樣總該萬無一失了吧！

　　但沒想到溽暑時節，室溫也動輒 30℃，滿是甜水的大西瓜，切開後表面沾染細菌，猶如溫暖的培養皿，無論放進保鮮盒，或是用塑膠袋封好，收到冷藏庫，都可能因為溫西瓜堆疊在一起，降溫不夠快，給了細菌大量滋生的機會，而造成腐敗。

為了確保快速降溫至 4℃，
你可以選擇這樣做：

方法一：

整顆西瓜在冰箱冷藏一夜，充分冰鎮後再切開享用。

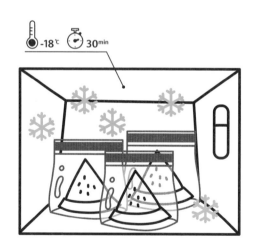

方法二：

洗淨西瓜表面，擦乾後，用潔淨的刀切塊，攤開來包裝好，放進冷凍庫（避免堆疊，好讓西瓜平均的快速降溫）。西瓜快速降溫到 4℃左右，再移到冷藏庫冷藏。（記得設定計時器，否則就變成西瓜凍了）

 「沙門氏桿菌」（Salmonella enteritidis）在 5℃～26℃之間會快速增生，良好條件下，甚至每 20 分鐘就雙倍成長，一個細菌經過 8 小時培養，有可能增生為一百萬個細菌。

主廚也想知道的美味密技

Lesson 20.
米飯要怎樣保存，
才不會造成食物中毒？

　　台灣人以米飯為主食，吃炒飯時，也習慣冷飯熱炒，但在米飯隔夜保存的過程中，竟常出現食安危機，因此，一定要來認識「仙人掌桿菌」，因為這種外形布滿纖毛的細菌，喜愛孳生在米飯中，是名列台灣食物中毒原因的榜單前三名。

　　根據食藥署統計，台灣每年發生的仙人掌桿菌中毒事件大約十多件，人數最高曾多達兩千人左右。不僅僅在高溫多濕的台灣如此，歐美地區也有不少受害案例，舉兩個發生的實例給大家參考。

實例一：

美國一名婦人在中餐廳吃完炒飯後，出現嘔吐和呼吸困難送醫急救，證實是因為仙人掌桿菌中毒，發生俗稱的「炒飯症候群」，在加護病房躺了八天，她為此怒告中餐廳，訴訟求償。

實例二：

比利時布魯塞爾一名男大學生，把一碗五天前的義大利麵微波加熱來吃，出現頭痛、腹瀉、嘔吐症狀，從此再也見不到第二天的太陽。驗屍報告顯示，他是因為仙人掌桿菌導致食物中毒，引發肝衰竭猝死。

米飯是仙人掌桿菌的溫床

仙人掌桿菌具有特殊的耐受力，在加熱過程中，會長出孢子自我保護，除非充分加熱，才能夠殺死仙人掌桿菌的孢子。對付這樣的耐熱菌，自己的胃酸如果不足，或是正在服用制酸劑，無法及時把關殺死病菌，那很可能要倒大楣了。

仙人掌桿菌尤其鍾愛米飯柔軟的質地，用隔夜飯做炒飯，如果米飯的保存條件不佳，就會有「中鏢」的危險，這也正是「炒飯症候群」的由來。

將米飯冷藏在 4℃以下，或保溫在 65℃以上，能夠抑制絕大多數細菌繁殖。但是一般家庭多半讓米飯燜在電鍋中，任它自己降溫，而室溫條件正是細菌的最愛。

仙人掌桿菌（Bacillus cereus） ••••••••••••••••••••••••••••••••

蠟樣芽孢桿菌，可在 10 ~ 50℃中繁殖，最適宜的生長溫度為 30℃。菌體不耐熱，加熱至 80℃經 20 分鐘即會死亡。多半是由灰塵或昆蟲傳播，食品被汙染後，沒有明顯腐敗變質的現象，米飯有時會有發黏的感覺，此外，食用被汙染的食品後，會有腹痛、嘔吐或腹瀉的狀況。

預防細菌孳生的方法

因此,若知道這鍋飯一餐吃不完時,不妨趁著米飯起鍋、熱氣蒸騰時,先把這餐多煮的米飯做低氧低菌打包,封存或冰藏。若嫌麻煩的話,至少不要拔掉電鍋插頭,利用電鍋保溫,維持在 65℃ 以上,從源頭抑制細菌繁殖的機會。

 小知識,非廣告

大同電鍋的保溫都統一設定在 72℃,這是因為溫度太高,米飯會糊掉,溫度不夠高(低於 65℃),會成為細菌的培養皿。為確保鍋中保溫的米飯連中央溫度都高於 65℃,所以設定在 72℃ 比較保險。

老章帶路！
外食不踩雷

6

我們不是奧客，也不是刁民，是「互相吐槽求進步」，
顧客的品味能力是職人進步的動力，台灣餐飲界的明
天，就建立在你我品味能力的提升。
外食時要怎樣辨別這家店的技術是否到位？處理方法
是否有誠意？來看老章一一告訴你！

Chapter
私藏技巧篇

Lesson 21.
外食不踩雷的注意事項

江湖在走，吃飯要懂，老章帶路，讓你洞悉業界門道，外食也能不踩雷。在此針對常見的「雷」一一解析，希望大家看完後，能舉一反三。

回鍋麵

麵館為了應付用餐尖峰時間的人潮，有的會先把麵條煮熟，等客人點餐後，將預先煮熟的麵條再燙一下就端上桌。但是這樣的「回鍋麵」，黏糊軟爛，已經失去麵條該有的口感。

我不在用餐尖峰時間為難店家，所以特地等到離峰時間才進麵館，叮嚀外場要給我現煮的麵條。也許是傳話傳漏了，端上來的麵條，我只嘗了一口就放下筷子，請老闆過來了解一下狀況。老闆也不多說，挑起碗裡的一根麵條，用手指一捏，立刻明白，馬上請廚房重做一碗。這回，我果然吃到麵條入口滑順、在齒間回彈的好勁道。

有一種遠遠就能辨識是否為回鍋麵的方法，如果等著吃麵的食客大排長龍，店家有可能是現煮的麵。因為回鍋麵可以快速上桌，所以食客不需要久等，也就不會有排隊的人龍。當然，如果人龍消化不掉，純粹是因為店家做事效率差，那就另當別論了。

給食客的建議

如果你也是對麵條口感很挑剔的人，盡量不要在用餐尖峰時間強人所難，要求店家為你「客製化」。找個雙方都從容的時間，請廚房為你從頭開始下一碗麵，享受麵條該有的真滋味。

勾芡粥

到小店用餐，瞥見老闆把一碗白濁的水俐落地攪進大鍋粥裡。

「老闆，你在給粥勾芡？」

老闆像是天大的祕密被人撞見，臉上先是掠過一絲驚色，但是立刻梗著脖子粗聲回道：

「哪一家店不是這樣煮粥的，大家都這樣做。」

許多人喜歡來一碗熱騰騰的清粥暖胃，但你知道自己吃的是白米熬煮出來的「真清粥」，還是太白粉勾芡的「合成粥」嗎？

勾芡粥

部分業者為了速成，會用大火煮稀飯，想要讓清湯寡水的稀飯看起來濃稠，增加賣相，於是用太白粉水勾芡增稠。這種合成粥只是一時好看，擺一個鐘頭左右黏性就會化成水而失去濃稠感。這也樣就罷了，敏感的人吃了合成粥還會反胃酸，想要暖胃不成，反而招來胃食道逆流，那就得不償失了。

給食客的建議

要分辨勾芡的合成粥，可以用筷子一直攪，勾芡的黏性容易化成水狀，原本看似濃稠的粥就不稠了。不過，道高一尺魔高一丈，店家如果用比較高檔的日本太白粉或荷蘭太白粉勾芡，攪拌稍久也不會明顯失去黏稠性，所以不能做為百分之百準確的檢驗法。

還有一種加了鹼的粥，鹼可以讓米粒很快糊化，這樣的粥也比較不會失去黏稠性，不過外觀上呈現鹼的顏色，所以粥色偏黃。

 所謂日本太白粉和荷蘭太白粉，其實都是馬鈴薯澱粉。

WOF 油炸滷雞腿

有些賣香酥炸雞腿的店家，標榜自家的雞腿先用獨門特製醬汁滷製過，多了滷汁的鹹香滋味。但是吃滷過的脆皮炸雞腿，有時會嘗到一股怪異的 WOF。

冷藏的生雞腿在高溫油鍋中酥炸，大約 10 分鐘才會完全熟透，店家為了加快作業速度，會先將雞腿滷熟，只要下油鍋再炸 3 分鐘，就成為香酥雞腿，省下可觀的油炸時間。可是滷熟的雞腿沒賣完，儲存在冰箱裡，和空氣接觸後，大約兩天左右就容易在油炸加熱中產生 WOF。

給食客的建議

除非確定是當天現滷的雞腿，否則寧可等上 10 分鐘，享用生雞腿直接以高溫油炸的鮮美滋味。一些不新鮮的料，常會藉著大火爆香、香酥粉漿油炸，「湮滅」不新鮮的證據，如果不想冒險，建議嘗試口味清淡的菜色比較安全。

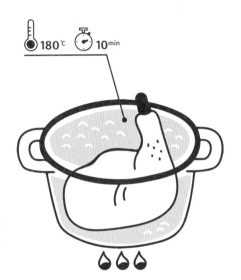

給店家的建議

雞腿滷熟放冰箱，要做好絕氧打包，以免重新加熱後產生 WOF。或是分裝於密封小袋中冷凍儲存，油炸前 1 天才分批移至冷藏，可以有效減少 WOF。

老珠混新珠

萬物都有最好的季節，食物也有最佳享用時間，有時稍縱即逝，一定要把握。珍珠奶茶起鍋後，泡在水裡一小時就會糊掉，如果泡糖水，因為滲透壓的作用，珍珠收縮變硬，可以維持較長時間不糊爛。

我只要看到珍珠糊邊，都會問老闆下一鍋何時起鍋，算好時間再繞過去享用。

給食客的建議

珍珠一口吃下，幾顆在嘴裡特別 Q 彈，有的卻軟爛無味，就表示老闆把上一鍋剩的珍珠混在新煮的珍珠裡，有的店家甚至一整天都在「混珠」，這樣的店就不必再光顧。

「閉門羹」是一道好菜，經常讓你吃「閉門羹」的，是有 sense 的老闆，賣完就收攤，不留隔夜，所以顧客都能吃到新鮮的料。有的店家會做限時特賣，當天的菜當天出清，顧客撿到便宜，店家也不必囤隔夜菜，雙方都蒙其利。

講到這裡，忍不住要叨念一下我們這些消費者，過於自我本位，喜歡要求店家菜色種類豐富、經常翻新花樣，中式餐廳為了盡可能滿足顧客，樣樣都賣，但是樣樣賣，備料就多，備料一多，鮮度就容易出問題。

不爆香牛肉麵

　　根據非官方統計（我走訪市井的粗略估計），市面上至少有三分之一店家的牛肉麵聞不到爆香味，無論是牛肉爆香，還是醬料爆香，總之，兩者都沒做，只是弄一鍋水，把醬油、辛香佐料、牛肉倒進去煮軟，就開門做生意。這樣的牛肉麵吃起來口味十分單薄，毫無風味可言。

　　還記得第二章的萬用滷牛腱和變化應用做出來的川味茄汁牛肉嗎？我們將牛肉滷得軟嫩多汁，又不厭其煩地一一把醬油爆香、糖爆香、辣椒醬爆香，再將這些經過梅納反應和焦糖反應的調味醬料熬成滷汁，才得以做出香噴噴的銷魂川味牛肉。要調理出能夠端上檯面的牛肉麵，這些功夫可不能省哪！

　　小時候，只要路上有一家專賣牛肉麵的店家，遠遠就能聞到滷牛肉香，現在哪怕就站在店門口，還不知道裡面賣牛肉麵呢？今非昔比，莫此為甚呀！

Lesson 22.
白吐司、饅頭和年糕
不必復熱就好吃

　　老婆大人每天早上趕上班，常常抓兩片吐司就匆匆出門。一條吐司麵包買回家，永遠是第一天最鬆軟 Q 彈，第二天開始乾硬，因為怕發霉，所以放入冰箱冷藏，吐司也一天天越來越難下嚥。要丟掉太浪費，拿到嘴邊又吃不下去，為了這個「食之無味，棄之可惜」的早餐，內心整整糾結了一年，有天終於忍不住抱怨……

吐司乾硬的原因

　　這是因為低溫會加速澱粉的老化結晶，這對米飯、麵包等主食的保存和口感造成很大的影響。

　　以白吐司來說，假設剛出爐的白吐司美味度是一百分，放在室溫下一天，澱粉老化結晶讓美味度減少了五成，若存放於 4℃冷藏，澱粉老化速度更是放在室溫下的六倍快，美味

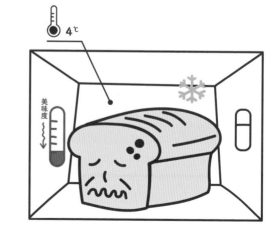

度只剩兩成，雖然復熱以後，無論蒸或烤，口感可以回復到九成以上，但是對於忙碌的上班族來說，有時連這道復熱的功夫都很奢侈。

放冷凍可讓白吐司凍齡

根據澱粉老化的特性，吐司麵包冰入冷凍庫，美味度雖然會減損一成，可是直接從冷凍庫拿出來退冰，三到五分鐘後，又是「白拋拋幼綿綿」，不必進烤箱，也不用電鍋蒸，直接就可以享用了。

-18℃

美味度

室溫 3~5min

白吐司從冷凍庫拿出來，退冰三五分鐘就可以直接享用，不必再加熱喔！！

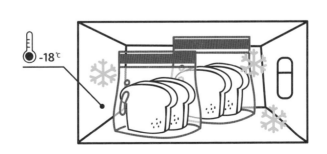

-18℃

一餐吃兩片吐司，可以兩片兩片先用塑膠袋封好，冰存在冷凍庫。

饅頭年糕也可凍起來

饅頭也可以比照處理，只不過饅頭比較厚而且扎實，無法像吐司這樣，退冰三、五分鐘就可以直接享用。

如果是預計幾天後才要吃的饅頭，我都事先把新鮮饅頭紮緊在塑膠袋裡，直接凍在冷凍庫，要吃的前一晚拿到室溫下解凍，隔天早上就可以當早餐了。

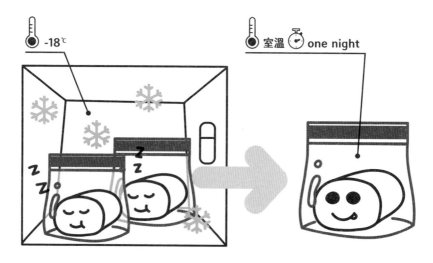

春節少不了應景的糯米年糕，但是一想到往年總是放到長黴也吃不完，到底該不該買，就讓人頗為難。阿嬤又堅持只要把表面的黴削掉就能吃，兒孫輩看得心驚膽跳，深怕吃出問題。其實，像糯米年糕這樣組織緊密扎實的熟食，放進冷凍庫凍藏，要吃之前再拿到室溫下解凍，還是一樣香Q好吃。

不過，同樣都是「糕」，結構鬆軟的蘿蔔糕千萬不可冰凍，否則解凍後就成了千瘡百孔的海綿組織，難以入口。

肉質扎實緊密的龍蝦，也可以趁鮮煮熟，冷凍保存，享用之前解凍即可，對忙碌的現代人來說，無異是享用美食的一大福音。

吃老麵種發的饅頭，比發粉發的饅頭健康？

坊間盛傳，說是吃另外添加發粉發的饅頭會產生胃酸，用老麵種發的饅頭就不會有胃酸問題，所以老麵比發粉要好。這其實和發粉品質無關，是酸鹼作用的特性使然。

發粉中的小蘇打是鹼性，而老麵種又稱酸麵糰，裡面的酵母菌是酸性，鹼性的小蘇打遇到胃酸，會在胃袋裡產生化學作用，生成二氧化碳，讓人胃脹氣。酵母菌和胃酸同為酸性，當然不會有酸鹼相加的二氧化碳產物出現。

同樣的，喝酸性的檸檬汁搭配鹼性的蘇打餅，一酸一鹼，也容易在胃中產生氣體，令人胃脹氣。有胃食道逆流問題，常喜歡服用制酸劑或吃蘇打餅者，尤其要留意。

密技索引表

Ciel

主廚也想知道的美味密技

4 大工法、22 堂實戰課程、40 道應用食譜，烹調祕訣都在科學中

作　　　者─章致綱
文字撰寫─胡慧文
發 行 人─王春申
總 編 輯─張曉蕊
責任編輯─何宣儀
特約編輯─葛晶瑩
封面設計─吳郁嫻
美術設計─吳郁嫻

營業組長─王建棠
行銷組長─張家舜
出版發行─臺灣商務印書館股份有限公司
　　　　　23141 新北市新店區民權路 108-3 號 5 樓（同門市地址）
電話：(02)8667-3712　傳真：(02)8667-3709
讀者服務專線：0800056196
郵撥：0000165-1
E-mail：ecptw@cptw.com.tw
網路書店網址：www.cptw.com.tw
Facebook：facebook.com.tw/ecptw

局版北市業字第 993 號
初　　　版：2020 年 4 月
初版 5 刷：2022 年 8 月
印刷：鴻霖印刷傳媒股份有限公司
定價：新台幣 380 元
法律顧問─何一芃律師事務所

主廚也想知道的美味密技：4 大工法、22
堂實戰課程、40 道應用食譜，烹調祕訣都
在科學中 / 章致綱著 . -- 初版 . -- 新北市：
臺灣商務，2020.04
　面；　公分 . -- (Ciel)
ISBN 978-957-05-3258-6(平裝)

1. 食譜 2. 烹飪

427.1　　　　　　　　　　109002481